Aiguo
tongguo
Caishi
qingchun

赵丽荣◎著

爱过痛过才是青春

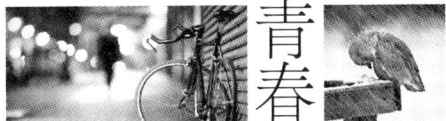

不怕路长，只怕心老。走得再远，青春也没走远

九 州 出 版 社
JIUZHOUPRESS

图书在版编目（CIP）数据

爱过痛过才是青春 / 赵丽荣著. -- 北京 : 九州出
版社, 2014.9
ISBN 978-7-5108-3261-1

Ⅰ. ①爱… Ⅱ. ①赵… Ⅲ. ①人生哲学－青年读物
Ⅳ. ① B821-49

中国版本图书馆 CIP 数据核字 (2014) 第 220538 号

爱过痛过才是青春

作　　者	赵丽荣　著
出版发行	九州出版社
出 版 人	黄宪华
地　　址	北京市西城区阜外大街甲 35 号（100037）
发行电话	(010)68992190/3/5/6
网　　址	www.jiuzhoupress.com
电子信箱	jiuzhou@jiuzhoupress.com
印　　刷	北京柯蓝博泰印务有限公司
开　　本	880 毫米 ×1230 毫米　32 开
印　　张	6.875
字　　数	130 千字
版　　次	2014 年 12 月第 1 版
印　　次	2014 年 12 月第 1 次印刷
书　　号	ISBN 978-7-5108-3261-1
定　　价	29.80 元

致青春

关于青春，一直以来都是一个让人永不厌倦的话题。

有人说青春终将散场；有人说青春无处安放；有人说，青春是一场大雨，即使感冒了，也好想再淋一场；有人说，青春短的让人卒不及防，再不疯狂我们就老了；有人说，无论青春如何度过，最后总会留下些许遗憾……

走过青春，当我们回首往事的时候，会发现，在人生这段最美好的时光里，我们错过了很多没来得及把握的机会，没来得及珍惜的感情，于是，满溢的遗憾如鲠在喉，追忆青春，便成了每一个人必有的情怀。

青春是什么？其实，青春就是：纯洁的情感、热切的渴望、桀骜的性情、幼稚的理想、易碎的梦想、浮躁的内心、瘠瘦的灵魂、受创的记忆……这些都是青春的印记，从始到终贯穿着我们的整个青春时期，让我们在那些日子里，变得焦虑不安。

青春期，在大人眼里乖巧的我们，突然学会了逃学，学会了叛逆，学会了描眉画眼，学会了喝酒抽烟，学会了攀比，学会了虚荣。学会了很多本不该学会的东西。

青春期，在大人眼里本该无忧无虑没心没肺的我们，不知道为什么一夜之间变成多愁善感，思前想后，敏感易怒，颓废消沉，桀骜不驯，优柔寡断……

青春期的我们，渴望得到老师的认同，家长的认可，亲朋好友的称赞。却一而在，再而三的在父母老师的质疑声中沦陷。于是，我们把父母对自己的爱护，看成了不信任，慢慢地切断了与家人沟通的桥梁，叛逆便由此而生，总是认为父母并不爱自己，并不理解自己。

总认为，自己的世界别人都不进来，于是青春便注定孤独。

总认为，自己所做的一切都是正确的，于是青春便注定一意孤行。

总认为，自己的行为应该得到称赞和认可，于是青春便注定桀骜不驯。

总认为，自己感受到真心的关爱和陪伴，于是青春便注定寂寥。

种种的认为，慢慢地为我们的青春期注入了很多叛逆、猜疑，和多种的不安全感。

青春期，我们总是带着极端的眼光去看待世界，看待生活，看待自己身边的人和事。

青春期，我们总是希望在别人身上找到那种说不清楚的安全感，到头来，却把彼此弄得伤痕累累。

青春期，我们在每一段困境面前，都会变得惊慌失措，因为我们的内心还不够强大。

青春期，我们让原本单纯的性格，变得复杂而深邃，因为我们的世界太过敏感多疑。

青春期，我们让自己原本脆弱的内心，佯装着坚强，那种不屑的神情，是因为为了掩饰内心的累累伤痕。

青春期，我们总是在声声叹息中，宣泄着自己内心的真实想法。

青春期，我们都会在不合适的时间里，过早地懂得了关于情爱的事，然后在一个人的身上，用尽自己的全部去爱，去为那个人，伤心流泪，痛不欲生，歇斯底里，甚至万劫不复……似乎要用尽爱情里所有的疯狂，用尽爱情里所有最强烈的词汇，才能诠释出青春里那段奋不顾身到神经质的情事。

每一个人的青春，都有着不同的故事，不同的生活。但一样的是，无论青春多么的纠结拧巴，总有一些美好的回忆，留在了匆匆那年的时光里，任凭它有多么的遗憾，我们还是不能忘记，那些年，我们一起走过的每一天……

无论哪个时代的青春，都是独一无二的青春，都是爱过痛过的青春，都是被时光见证过的青春，都是最值得纪念的青春。人生那么长，无论正值青春也好，青春过去式也罢，对青春的感悟和怀念，却是永不止息的。

所以，且让我们在此停步，一起走到这本书中，感受匆匆那年里，我们一起爱过痛过的青春！

Contents | 目录

兔纸：好好的528

那些，青春旧时光的印记

1. 单纯地爱着你，就算下一刻会受伤

　　我知道，现在的我曾经被爱伤害过，再爱时已不敢无所顾忌；我顶着规则的压力，再也不敢只谈爱不谈钱；我也曾经因为挑剔而错过了很多爱的机会……这种爱，真的很被动也很无助。于是，开始怀念年少时的爱情，那么单纯，什么也不想、什么也不理会，只要喜欢你，就是全部。我的青春，回头凝望，因为有了那份单纯的爱，而不再孤独苍白。我知道那时的我，不是一个人在练习，我的青春没有白活……

　　陈华的小说《那一曲军校恋歌》中，讲述了一段辽阔苍凉，却又单纯浪漫的青春爱恋。故事的主人公都是些上世纪八十年代的军校女生，她们因为太想过一种不那么循规蹈矩的生活，而"自以为是"地爱着、生活着。

　　正如刘震云在序言中说的一样："大街上有爱情，爱情也算满街盛开；书本里有爱情，爱情也算跃然纸上，但那些爱情似乎都与爱无关……"而《恋歌》中的爱情全是青橄榄的味道，无论军校生活多么单一乏味，遮遮掩掩下却是藏不住的爱情萌动。他们不是因为需要而爱，而是不管不顾去恋爱，不顾一切地去投入、去付出，就算下一刻会受伤也无所谓。

　　这就是我们的青春，因为还可以拥有单纯和不成熟，因为仍然能够激动、能够脸红心跳、能够语无伦次、惊慌失措，而变得那么的珍贵无比。

　　还记得，在我们的青春时光中，

有那么一段日子，我想欢呼雀跃，因为，有你。

有那么一份心事，我想轻轻述说，因为，想你。

有那么一个地方，我想重新走过，因为，恋你。

有那么一个眼神，我想紧紧抓住，因为，爱你。

有那么一段情感，我不想再忘记，因为，没你。

那时，你就像许茹芸歌中唱的一样，"不让我的眼睛，再看见人世的悲伤"。因为，你说你要呵护我，一生一世。我就这样被你疼着，照顾着，那时我真的好幸福。我们每天一起上课，一起做作业，你身上淡淡的香皂味，我一直记得。我们并不认为我们是情侣，所以任凭别人去误会，我们没有牵过手，我们没有kiss，更没有任何肌肤之亲。我们只是很喜欢彼此在一起的感觉，在学习上你会指导我，在生活中我会帮助你。你教会我很多东西，是你，给了我信心，也是你，给了我面对现实的勇气。

是你，让我彻彻底底地看清自己。

是你，让我的青春变得不那么孤独，让我在想要流泪的时候，找到依靠的肩膀。就像你说的，我所有的心事，都装在你的心里。

是你，让我懵懵懂懂间开始了解红颜与蓝颜的感觉。

你给过我的记忆，是我青春最美的印记。我知道不能再来，但是我认真地放在心里。青春会过去，但是那段情却永远留在了记忆中。我们那一段时光也许以后都不会再有了，未来的人生沧海桑田，如果我们都变了，也许都已经记不起彼此。但是请你记得，那些年，我们单纯的爱。

如果能回到过去，我们还要单纯地爱着，不管未来如何……

这就是青春爱恋的味道，淡淡地，如栀子花开一般甜美。

他是一个情窦初开的男孩。

初到大学，他对这个陌生的城市并没有什么好感，干燥的空气，饮食的不习惯，同学间的摩擦，都让他无所适从。

有时，他也感觉很孤单，一个人上课，一个人看书，一个人吃饭，一个人走路，一个人发呆，一个人流泪。有时，会和宿舍的同学聚会、聊天，但总是感觉很落寞。有时，他也很爱笑，却不知道为什么笑。

直到有一天，他遇见了她。那一刻，他平静的心起了一丝涟漪。这个女孩，好像在哪里见过，白皙的皮肤像轻柔的棉花糖，不惊艳却很脱俗；一双明亮的大眼睛调皮地扑闪着；特别是她笑起来嘴边的小酒窝，让人欢喜而沉醉。她的笑干净而纯真，不染尘烟。在他看到她的第一眼起，就被她身上那种淡淡的安静所吸引。像所有恋爱故事一样，男孩喜欢上了女孩。

从那以后，他会经常关注女孩。这时他才发现，原来女孩就是他的同班同学，同样的年纪，都是南方人，在同一间教室上课。他忽然后悔为什么以前没有注意过她，如果自己早点看见的话，是不是爱会来得更早些？

他打听到女孩的电话，但一直没勇气给她打电话；他也知道她的生日，却只能在她生日那天默默地祝福她；他喜欢在上课时找一个能看得见她的角度，默默地望着她；而他最喜欢看的，还是她的背影，她柔顺的长发很美，这让他想起了罗大佑的一首歌——《穿过你的黑发的我的手》。

很幸运的是，他通过同学得知她没有男朋友，知道这个消息时，他心里开始欢呼雀跃。而当他鼓起勇气走到女孩面前表白时，换来的，却是早已预料到的拒绝。

但他还是喜欢她，就算被拒绝时有一点心痛也无所谓，因为，在他年少纯净的心里，她喜不喜欢自己没关系，只要自己能这样喜欢她就可以了。

后来，他在日记里这样写道："没有开始，也没有结束的青春情感，真的可以单纯到心无杂念。我知道我的未来不可预知，我没有把握给她想要的幸福，所以我没有选择开始。但是多年后，我还是会怀着幸福的心去追忆这场没有盛开的、在我青春里匆匆而过的单纯的爱情。"

是的，那个时候，我们的爱情，是扎起马尾的午后在静谧阳光下等待他的心跳；是撑起油纸伞的滂沱大雨中依着校门期盼的目光。没有牵手，没有拥抱，却能如此刻骨铭心。其实彼此是互相喜欢的，只是最美好的时候却不知如何告白，就这样，在懵懂中，感受着爱情最初的清纯与酸涩。

那个时候，我们的爱情，幸福得简单，痛苦得也很简单。幸福的时候，看见你嘴角就不由得上扬，做什么都有了力量，心里酥酥麻麻的，不知道是一种什么滋味，就好像，全世界只剩下了你一个人，眼里心里也只有你一个人。痛苦的时候，恨不得下辈子都不要看见你，还抱怨上帝为什么让我遇见了你，让你成为我生活的劫数，怀疑是不是上辈子我欠你的，而多少次在夜深人静的时候睡不着也全是因为你。

就在我们爱得死去活来的时候，我们还在幻想，是不是我们的爱情会像电影里一样，最后历经波折，还是无法在一起，我们也不知道。

不过就算是没有在一起，就算最后还是为你痛苦，我也会坦然面对，给你留下最美的微笑。因为我知道，你在我心里是青春的唯一，我在你心里也是青春的唯一。我的回忆里有你，你的回忆里有我。许多年后，我们依然可以像个老朋友一样坐在一起，聊聊当年那些幼稚单纯的内心风景。

因为，无论今后我们的人生多么现实残酷，但是我们一直在心灵最深处的角落里，为那段青涩的时光，留下一席之地，从未消失。

我仍然感谢上苍，让我在最灿烂的青春遇见你。

没有结果的爱情，只要盛开过，就已经灿烂了青春的色彩。

我喜欢你，也喜欢那个喜欢你的自己。我的青春，回头凝望，因为有了那份单纯的爱，而不再孤独苍白。我知道那时的我，不是一个人在练习，我的青春没有白活……

2. 谁的青春没有单恋

就算单恋是一场无法醒来的梦，就算单恋是一个人的战争，走过青春的我们，也愿意为人生编织这样一张晶莹的网，去猎取生命中最美好的情感。因为，这种轰轰烈烈的苦涩和甜蜜，是未来现实人生中不可能再有的感觉，无论那时的我们，是谁换了谁的青春！

每每提起青春，我们都知道，那是一个年少冲动、为爱疯狂的时代。在那个年代，谁不曾春心萌动、大发花痴，谁又不曾在单恋中黯然神伤？虽然明白一切都不会有结果，但那种心碎了无痕的感觉，还是让我们的人生多了一段敢爱敢恨的真情。

就像在《那些年我们一起追的女孩》中说的一样，"每个男生的心中，都有一个沈佳宜"。那是一种埋藏在心底的情感、那是一种单恋并幸福着的感觉、那是一种只属于青春却可以温暖一生的经历。因为，那份纯洁热烈的付出，以后也许不会再有，所以才显得如此刻骨铭心。

说到青春期的单恋，无论是正在经历的人还是已经经历过的人，似乎都有话说。青春的单恋，就像一列不知终点的列车，扑朔迷离，前途未卜，独自在青春的舞台上演着独角戏，把青春耗在时光里。

那个时候的我们，很容易邂逅一个人，也很容易恋上一个人。整个身体被吸引，好像全世界只有他，心里一遍遍自导自演着跟他在一起的美好幻想，努力地创造着每一个可能接近他的机会。关心着他身上的一切，默默地观察着他的每一个神情和动作，酷酷的他已经深深地印在脑海中，那么的挥之不去，又是那么的神秘莫测，于是内心便止不住的心猿意马，兴奋不已。为了引起他的注意，我们费尽心思改变着自己，希望自己越来越美丽、越来越优秀，只为有资格和他站在同一条起跑线上。那个时候的单恋，心如刀割，却痛并快乐着。

因为单恋，我们似乎微笑到了尘埃里，严厉的那个他，是那么高高在上，如海市蜃楼一般遥不可及。都说这个世界上值得爱的人很多，可我们却甘愿做那个微小不起眼的自己，傻傻地仰视着他，等待着他能在自己爱的注视中突然转身。

但是，无论那段青春岁月多么的单纯无邪，也抵不住时光的脚步。当青春岁月疯狂远去，当我们渐渐变得成熟时，在分别又重逢的日子里，直到某一天突然发现，现实的残酷腐蚀了纯美的心动。那些回忆里单恋过的唯美画面，在紧张而痛苦的生活洗礼中早已被撕得粉碎，变得面目全非。

如果多年以后，彼此还是单着，还是希望大家能走在一起。毕竟那段爱着他的日子，是青春最美好的印记，如果有一天，真的因为眷眷默契而了结了一段青春里的心愿，也是一件极美的事情。把青春大把的时光交付给单恋，谁不希望有一个好结果，只要能和他在一起，就算再苦再累也无所谓。

不过，就算无疾而终，青春里的单恋，不正是因为这份简单的无所顾虑才变得如此美好而可贵吗？单恋一个人，可以成为多年后人生流年中最美好的过往，就算回忆起来，心里依然还是如此温热，因为那时"无知者无畏"的简单，所以才会一次次相信自己的爱恋必不会黯然收场。在遇上他的最初时刻，才明白人生的第一场一见钟情从此拉开帷幕，心底无数次问自己：爱上你是我的幸福还是一次劫难？无数个日夜的痴恋与心碎，这种不言而喻的感觉，只有自己真实地感受着。

那一年，杨桃刚上高一。第一次见到他时，杨桃是一个爱看琼瑶小说的纯情少女，所以，他踏进教室的那一刻，杨桃正低着头看小说，思绪被书里的故事牵引着。

他就那么一下子出现在杨桃的眼前，走进她的视线，让她猝不及防。杨桃听见女生们尖叫的声音，抬头望去，心中突然升腾起一种叫做"一见钟情"的微妙情愫。

他像极了《那些年我们一起追的女孩》里的柯景腾，瘦瘦高高的个子，凌乱得有点酷酷的发型，一副黑框眼镜遮不住黑白分明的眼眸，雪白的衬衫配着满是破洞的牛仔裤，斯文中又不失帅气。

可是，藏在斯文外表下的，是一颗放浪不羁的心。一周后，他的本性便浮出水面，旷课，打架，泡吧，调皮……这样的男生，是注定会招女孩子喜欢的，所以杨桃觉得自己肯定留不住他的目光驻足。那段日子，杨桃细数着他身边不断更换的女朋友，心如刀割，杨桃知道他不可能注意到自己，可是她又多希望，他的目光能在自己的身上停留片刻，哪怕一分钟也行。可是她实在没有什么资本去吸引他，因为在学校里，杨桃成绩一直不是很好，而且性格极其内向，不爱开玩笑也不喜欢打闹。那个时候的杨桃，总是喜欢安安静静地坐在角落里看着那些让她流泪的琼瑶小说。

一天，杨桃无意中看到一个故事，是一个很老套的故事，故事里的女生因为天天坚持在男生的课桌里放一个苹果，而感动了男生，最终收获了爱情。于是杨桃开始学习那个女生的做法，坚持天天在他课桌里放一个苹果。

就在苹果还没有被他发现的时候，却传来了他转学的消息，那一刻，杨桃的脑子一片空白，许多关于他的记忆如电影画面般掠过眼前，杨桃知道，她将不会再看到他在篮球场上奔跑的身影，他微笑时隐隐闪现在唇边的酒窝……

他离开的那一天，透过送别的人群，杨桃默默地看着他，那种如鲠在喉的酸楚，无法言喻。杨桃知道自己不能为他做什么，只能默默祝福他，一生幸福。而她青春里的单恋，注定要这样无疾而终，却又是如此的无怨无悔。

有时，单恋就像是青春的咒语，是每个走过青春的人都会有的经历。那种心痛到无力的感觉，那种爱得近乎自虐的执着，至今想来，还有些隐隐作痛。也许正是因为青春的那份单纯，才能那么心甘情愿地将所有的悲伤都自己一个人吞下，独自承受那份蚀骨的思念，独自留恋在那无声的哭泣中。

当单恋发生在中学时代，无论结果如何，都是青春的一段美好印记。如果有幸收获一份爱情，那将是人生全新的开始，我们会慢慢在爱的激励中彼此进步，共同告别青春的羞涩，知道人生只为爱他而变得奋斗不息，在花季一般的年龄带着爱情和梦想一起飞翔，了解和感受到一段纯洁无瑕的爱恋，这样的情感经历将成为一生最珍贵的回忆。但如果单恋中途迷航，也不要忘记准确返航，及时修补心灵的创伤，青春的美，就在于强悍的自身修复能力，这是一个人生命力最旺盛的时期，这时候的疼痛，因为有了纯纯的幸福感，而变得更加丰富。从此以后，我们便从彼此的身上，学会了怜惜和洒脱。

当单恋发生在大学时代，有可能因此而改变我们的人生。大学时代的我们，对于人生的目标已经有了清晰的方向，知道自己想要的是什么。而这时，若能够在踏入社会之前，找到一份真挚的爱情，无疑是一份难得的幸运。大学时代的爱情是最简单纯粹的，而离开大学后，面对人生位置的瞬间转换，以及各种不如意的打击，心灵只会变得越来越现实。看着身边为了利益来去匆匆的恋人，才明白，那份最真的情感，已经留在了大学时代，以后真的不会再有。所以，静下心来，细数过往的美好，才惊觉心中最温暖的角落里，总有那么一个人，那么一段情，点亮了来时的路。

所以，就算单恋是一场无法醒来的梦，就算单恋是一个人的战争，走过青春的我们，也愿意为人生编织这样一张网，去猎取生命中最美好的情感。因为，这种轰轰烈烈的苦涩和甜蜜，未来现实人生中不可能再有，毕竟那时的我们，只是不小心误入了别人的青春！

3. 青春的叛逆，有点帅气，有点变态

我们的青春都在叛逆中犯过错误，但是，我们也在这份痛苦的挣扎中成长了起来。每个人都在不停地长大，也许现在的我们还未真的长大，还不知道如何与身边的人相处，如何用正确的人生态度去对待每一个人、每一件事，可我们一定会从每一次叛逆的教训中振作起来，从此昂首挺胸地成长。

每个人都曾经在青春期叛逆过，也曾经把自己和身边的人折磨得心力交瘁。但我们终究还是在成长的路上，慢慢学会了活着的道理。而那些年少时歇斯底里的呐喊，或许就是生命成熟的印记。

年少时的我们，总为自己长不大而着急，所以一直羡慕着身边的哥哥姐姐。看着他们一身朝气，迈着青春的脚步，挥洒着另类的自由，我们便在心底不由得憧憬着：是否有一天，我们也可以在青春里肆意徜徉？

后来，我们就这样猝不及防地踏入青春，生活也似乎有了很多的不同。我们发现自己好像一夜间长大了，对身边的一切都充满好

奇，内心跃跃欲试，蠢蠢欲动。我们开始变得不再需要父母的叮咛，喜欢过自己想要的生活，喜欢做自己想做的事情。于是，叛逆的性格便渐渐崭露头角。于是，青春就在这样的时光中上演了。

谁的青春不曾叛逆和迷茫？因为冲动，我们骚动不安的心充满了敌意。别人的嘘寒问暖让我们觉得多余，因为我们觉得自己已经成熟，不需要别人的照顾也可以做好自己的事情。我们开始憧憬爱情，对异性充满了好奇，渴望着别人爱慕和欣赏，也渴望拥有一份最纯洁的爱恋。于是我们在叛逆中做了很多傻事，虽然很受伤，但那时的我们，总觉得自己有点帅气，有点变态。

于是，我们看到，老师的目光里多了几分无奈，父母的眼神也不再温柔。父母伤心的眼神，和绝望的眼泪，并不能唤醒我们心里的愧疚。我们不再理解父母的用心良苦，不再愿意被他们的臂膀呵护。也曾自以为是地认为自己已经可以独当一面，以为自己所有幼稚的决定都是最正确的抉择。我们近乎变态地坚持自己认为对的事情，无论这些事情对自己有没有好处，我们都固执地坚持着，觉得人生就应该是这样。我们的内心脆弱得不堪一击，我们只是希望引起更多人的注意，得到更多人的肯定和欣赏而已。

有时，我们还会犯错，做一些本是我们这个年龄的人不该做的事情。于是，过早地经历了一些不该经历的东西，也承受着这个年龄无法承受的痛。这让我们没有喘息反思的空间，于是变得更加不知所措，甚至觉得整个世界都背叛了自己。我们害怕面对现实，可是又不得不活在现实中，于是我们变得焦虑不安。我们外表冷漠，内心彷徨，心灵游荡着，始终找不到落脚点。我们还未成熟的心里真的是"压力山大"，原本天真烂漫的年龄，却无法让笑容绽放在脸上，快乐似乎都成了一种奢侈。

在这样的青春里，我们的爱情在现实中夭折，我们的骄傲在现

实中坍塌，我们的梦想在现实中受伤。在纯净的青春里，我们每天
都在经历着挫折，稚嫩的心真的有些不堪负重，这就是成长的代价。
那些不经思考的轻率决定，给我们未来的人生路埋下了悔恨的种子。
可再回头的时候，许多事情已经无法挽回，因为我们每一个人都要
为自己的决定负责，尽管后来明白的时候，一切都已太晚。

　　小严正处于青春叛逆期，他的性格真的让人无法接受：暴躁，
固执，骄傲，自以为是，目中无人，钻牛角尖的脾气更是让家人头
疼不已。他时常还把与父母作对当成一种乐趣，那时的他从未为自
己的行为懊悔，因为他并不觉得自己有错。

　　爸爸很疼小严，不到万不得已，是不会打他的。可是小严的叛
逆，却让爸爸极不情愿地损害了自己的形象，甚至好几次，都让这
个要强了一辈子的大男人气得流泪。时过境迁，再想起那时候的自己，
小严才觉得，真的很对不住爸爸。

　　青春期的小严，跟父母吵架是家常便饭。初一那年，小严因为
一件小事和爸爸发生了争执，爸爸一气之下，拿起扫把冲着他的后背，
毫不留情地打下去。小严瞪着愤怒的眼睛，恶狠狠地盯着爸爸喊道：
"好啊，你打啊，反正你一向都喜欢暴力，你以为我会怕你吗？"
爸爸的手颤抖着悬在半空，眼泪已不由自主地流了下来。那一刻，
他知道爸爸的心在滴血。

　　初三的时候，小严进入了"叛逆高潮期"，一次小严在考试中
作弊被学校处分，爸爸知道后盛怒之下打了小严一个耳光，小严一
声不吭地坐在椅子上。这时，爸爸走了过来，心疼地摸着他的脸说：
"爸爸其实不想打你的，对不起，是我太冲动了，可是你太倔强了，
从来都不肯承认自己的错误，疼不疼啊？"小严愤恨地扭过头去，
不看爸爸一眼，爸爸则尴尬地收回伏在小严脸上的手，慢慢地走出
卧室。小严知道，爸爸从不打人，是他的叛逆让爸爸不知所措，自

己却很少考虑到爸爸的感受。妈妈说过，爸爸每次打完他之后，都会在懊悔中夜不能寐。望着阳台上爸爸最喜欢的摇椅，小严心底不断浮现出爸爸为了这个家而终日忙碌的身影。

那些年的叛逆，让小严做了很多荒谬的事。高二的时候，他对男女之情充满了好奇。一次偶然的机会，小严认识了一个比自己大八岁的女孩。那时的小严只有 15 岁，女孩已经 23 岁，是他同学的姐姐，和女孩在一起，小严更多的是想找一种被照顾、被疼爱的感觉，其实他们之间没什么，甚至连手都没牵过。那时的他们，在一起的大部分时间，都在谈关于梦想和未来的话题。可是，当爸爸知道了他们的事情之后很生气，不容小严做任何解释，第一次将他反锁在家，并且郑重地告诉小严，必须好好反省自己的行为，什么时候认识到自己错了，什么时候放他出来。

小严不记得当时是怎么逃出来的，只记得在外流亡一个月，其实就是离家出走。那时的小严，真的希望自己永远都不要再回到爸爸的身边，永远都不要再看见爸爸咆哮的脸。后来，是爸爸通过打听同学，几经周折，在离家数千公里的另一座城市找到了他，小严记得爸爸看到他时，没有一句责怪的话，而是踉跄着脚步冲上来，将他紧紧抱在怀中。那一刻，小严觉得爸爸的拥抱很温暖，他知道，爸爸是爱他的……

叛逆的青春，小严几近变态地追求着他自己认为对的生活方式，而正因为这份幼稚的固执，让他做了很多不该做的事，但是，也正因为有了那时的青春历程，才使得现在的他，如此珍视亲情的美好和生命的成熟。

没错，我们的青春都在叛逆中犯过错误，但是，我们也在这份痛苦的挣扎中成长了起来。每个人都在不停地长大，也许现在的我们还未真的长大，还不知道如何与身边的人相处，如何用正确的人生态度去对待每一个人，每一件事，可我们会从每一次叛逆的教训里站起来，昂首挺胸地成长。

每一个人的成长都会走过青春的叛逆期，所以，青春的错误与懊悔注定要留在那段时光里。记忆像是手中的水，无论握紧手心还是摊开手掌，最终都会穿过岁月的指缝慢慢流逝。所以，不要再把曾经的错误铭记心上，那不过是我们成长的印记，生活总是不断向前的。走过去之后，我们会发现，因为有了那些遗憾的经历，我们才更懂得爱和珍惜。

无论我们在青春期里做了什么样的坏事，无论我们伤害了多少人，青春终将逝去，我们终将长大，人生的理想和价值也终将在心里萌发。那些美好的感念、积极的态度、乐观的心境，也终将在我们的青春里树立。

谁的青春不叛逆，谁的青春不迷茫，请留给自己一点时间，请允许自己慢慢成长，让心灵一点点走出彷徨，去感受只属于青春的美好时光，让曾经的青春故事，成为自己一生的回忆。

4. 总以为所有的梦想，都该很拽

青春的梦想，似乎都很拽，大概是因为"初生牛犊不怕虎"的劲头吧。也正是因为一路上无所畏惧的坚持，我们的青春才能够一点一点地接近一个又一个可能或者不可能的梦想。

电影《中国合伙人》，讲述的是上世纪80年代三个有志青年共同奋斗的故事。影片呈现的，是关于青春的梦想与成长。每当看到某个片段时，心底那根关于青春记忆的弦，总会不经意地被拨动，并一点点在脑海中泛滥决堤。

片中，孟晓骏问成东青：你有梦想吗？成东青调侃地说了一句玩笑话："春梦算吗？"孟晓骏一开始的梦想其实很简单，就是离开农村，可是渐渐地，他不再满足于现状，因为他有了更大的梦想——进军美国，再后来，他的梦想进一步升级——想办法帮别人实现美国梦。

青春的梦想，似乎都很拽，大概是因为"初生牛犊不怕虎"的劲头吧。也正是因为一路上无所畏惧的坚持，我们的青春才能够一点一点地接近一个又一个可能或者不可能的梦想。因为梦想在不同的年龄段总会有不同的变化，有些梦想因为坚持而最终如愿，也有些梦想因为无奈的妥协而慢慢夭折，多年之后那些梦想也许早已被时光消磨得荡然无存，但是，青春期那份激情的触动，却在生命中永恒了下来。

影片中，一位美国老妇人对孟晓骏说了这样一句话：你还年经，还有机会在绝望中等待希望。这也许就是青春的资本，这也是每一个在青春梦想中失败和绝望的人心底最大的慰藉。因为，只要青春还在，梦想就应该很拽。

小涛是个典型的"北漂"一族。对于处在青春期的他，似乎从来没有失去过憧憬梦想的信念，因为，在他看来没有梦想的青春，注定是灰暗的。套用这一代年轻人的口头禅，就是"做自己的梦，让别人说去吧"。

初中时，小涛是超级歌迷，最喜欢干的事情就是攒钱买小虎队的 CD，有一段时间，为了攒钱看小虎队的演唱会，他每天只靠吃一包方便面来充饥，后来差点因此得厌食症。但是，所幸他还是攒够了钱，观看了小虎队的演唱会，圆了自己青春年少时的梦想。也正是因为那时对音乐的执着，小涛开始慢慢思考自己的人生，每天带着耳机摇头晃脑地穿行在城市的街道，边走边唱，边走边思考，想象着自己的未来。他知道这样的自己，可能有时候会显得有些特立独行，但自己心底深处还是相当享受那种朦胧的美好，因为有梦想，人生就会变得灿烂。

高中时，小涛和一样有着音乐梦想的好友尹浩，一起翘课坐了六个小时的车去武汉，走遍大街小巷的音像店，听所有可以找到的摇滚乐。那时，他们抱着省吃俭用买来的破木吉他，憧憬着有一天可以有自己的乐队，唱自己创作的歌。那个时侯的张雨生、许巍、朴树，让他们觉得亲切又遥远，让他们的青春充满激情，这比什么都重要。

来到大学，小涛依然背着那把破木吉他，信誓旦旦地对自己说，梦想马上就要实现了。他知道，现在的自己无论外表如何强悍，还是无法掩盖内心的青涩。四年匆匆走过，那段时光真的极其安好，每天做着自己想做的事情，在众人质疑的眼光中坚持着内心的那份坚定，现在不会改变，也许以后也不会改变。

大学时代的小涛，也碰到了所谓的爱情，带着纯情爱得不顾一切，收场却是输于物质的背叛。疗伤之后，紧接着面临的是工作的问题，为了证明自己，他去到了很多地方，历经了现实生活的种种疾苦。那时侯，支撑他走过去的只有梦想，可是当他终于靠岸，却发现岸上的风景已经不再了，可能这就是青春最无奈的结局。

现在的小涛，混入"北漂一族"，还在寻梦的路上，尽管北京很大，大到无法容纳渺小的自己，大到一阵风都可以把自己带走，大到让七尺男儿的他，为了一顿饭而为难，但是在生活面前，他还是很有底气，坚挺在梦想的路上。

就像汪峰在《春天里》唱的一样，"还记得许多年前的春天，那时的我还没剪去长发，没有信用卡没有她，没有24小时热水的家，可当初的我是那么快乐，虽然只有一把破木吉他，在街上，在桥下，在田野中，唱着那无人问津的歌谣……"是的，青春的梦想，就算"无人问津"，也是一场快乐的人生体验。

记得书中说："30岁前别犹豫，30岁后别后悔。"青春的梦想，就是为了不让未来后悔的人生历程，就算靠岸后，发现风景已经不再，那又如何，"天空不留下我的痕迹，但我已飞过"，这样的人生，才能无怨无悔。

青春是什么？莎士比亚在《哈姆雷特》中写过这样一句话：生存还是死亡，这是一个值得考虑的问题。但是，无论结局如何，青春不怕痛，青春伤得起，就算失败倒下，也有再爬起来继续走下去的资本，因为，青春最牛的姿态，就是在无法预知的前路上，背着自己的信仰追逐梦想。

每个人的成长，都会经历蜕变的疼痛。就像白岩松在《幸福了吗》中说的一样："你想要的，时间都会为你预留，不需要太着急，成长都会见证你的脚步。"

成长，像一束烟花，玄幻而美妙！

成长，像一场竞技，现实而残酷！

成长，像一朵花蕾，芬芳而痛苦！

大学毕业，意味着另一种人生的开始。这是春妮毕业后最深切的感受，无论时光如何易逝，毕业后的她，还是站在了梦想与现实的十字路口。青春已过大半，尽管她知道自己的人生还没有正式开始，但是现在的自己，必须迈出人生最关键的一步。

懵懂的学生时代，就在这转瞬之间结束，在告别这青春的校园之后，春妮踏上了新一轮的旅程，她知道，今后她将再也无法回到无忧无虑、可以肆意欢乐的学校生活里去了。

毕业，就意味着人生要进入另一页，踏入社会面对新的环境，在工作中开始新的历程，校园里那些单纯的日子，将永远留在她的记忆里！

曾经以为自己还有足够的时间在学校编织青春的梦想，学校可以承载自己所有的喜怒哀乐。然而，不经意间，就将离开，告别这二十余年生命里最美丽的青春校园时光。春妮心底很不舍，也很留恋，但是，成长总是让人措手不及，成长又是如此残酷，使她不得不面对现实。看着父亲紧皱的眉头，母亲斑白的华发，春妮知道现在的自己，必须马上找一份工作，必须马上自立。

总以为怀揣着校园时代的梦想，就可以轻易地找到实现的舞台，可是一次次找工作碰壁之后，心不知什么时候像乐器上的弦紧绷了起来。春妮不知道到底哪里出错了，为什么梦想与现实的差距有如此巨大的鸿沟。起初，她很痛苦，灰心过，也抱怨过，她看着镜子里的自己，开始迷茫，不知道未来在何方，也找不到任何答案。

每次找工作失败回家后，春妮难过得不愿意多说一句话，只是垂头丧气地静坐。妈妈轻轻走过来，端来一杯热气腾腾的清茶，摸着她的头说，"不急，工作慢慢找，事业慢慢做。"听着妈妈的安慰，春妮的心顿时热了，看着妈妈满是皱纹的脸，热泪悄悄滑出眼眶，她在心里暗自下决心一定要努力工作，为父母创造优越的物质条件，让他们住上大房子过上好日子。

于是，飞扬在青春这一新的翻页中，春妮渐渐收起了自己的迷失和担心，并不断地告诉自己：我需要在这新的起航中，去创造我的梦想。而且，春妮也渐渐明白了一个道理，抱怨不如改变，谁也没有预测未来的本领，但是，只要相信自己，只要肯坚持心中的梦想，就完全可以改变自己的未来。

毕业不是失业，别人能做到的，自己也一样能做到。面对明天，春妮放眼望向远方，她知道，青春不需要颓废，而需要不遗余力地向着梦想追逐。

青春的梦想，就是一种能让你感觉到幸福的东西。就像戴望舒在空濛寂寥的雨巷里期待着"丁香般的姑娘"一样，纵使丁香姑娘虚无缥缈，像梦一般地迷茫不真实；纵使丁香姑娘有可能只是从身边走过，却连一个温暖的眼神都没有留下……但他依然在雨巷等待，等待那个美丽的丁香姑娘，等待着他为之骄傲的青春梦想。

没有梦想的青春，就像没有花香的春天。失去了花朵的点缀，春天就不再生机盎然；而失去了梦想的点缀，青春就失去了烈烈燃烧的印记。就算未来我们的脸庞终究刻上皱纹，但是只要不让皱纹刻在心上，人生便处处是青春。

今天，就让我们为了那些无处安放的青春和桀骜不驯的年华，为了我们终将逝去的爱情，为了我们无怨无悔的折腾，为了我们永远在路上的梦想，干杯！

5. 分数与成绩，是青春的咒语

青春时代的分数和考试，它的影子永远地留在了十八岁的雨季，那时，当我们抬头仰望天空的那一刻，梦想被一个又一个的分数击得粉碎，但我们依然会倔强地睁开眼睛，迎接着自己必须去迎接的现实和命运。

面对分数，青春期的我们，总是会在每一次考试前，大声唱出"何时才能摆脱了压在身上的五指山，做一个腾云驾雾的自由的孙悟空"这样的歌曲，这看似调侃的歌声，实在是我们心底最真切的呐喊。因为，在我们成长的路上，在我们还稚嫩的肩膀上，分数与成绩，就是青春最沉重的负担，甚至可以说是青春的咒语。

堆叠的试卷、黑板上密密麻麻的试题、墙上的心愿笺，青春的教室里到处传递着和考试有关的讯号。所有的人都在为了能考出一个好成绩，而把自己日复一日，年复一年地钉在课桌和板凳之间。尤其是考试前夕，紧张备战之时，我们不敢有丝毫的松懈，课间教室里更是再听不到阵阵哄笑，因为，只有考出一个好成绩，才能真正享受到"你若安好，便是晴天"的青春待遇。

那时，我们在一起说得最多的是考试后的打算，有的人说想去旅游，也有的人说想好好睡几天，睡到自然醒，还有一些人说，考完试最大的梦想就是去看王菲的演唱会了。大家你一言我一语，边说边笑，仿佛在心底憧憬许久的美好心愿，已经在眼前闪现。

谁的青春不考试？在青春进行时，我们没有谁可以逃开考试与分数的命运，尤其是关于那决定我们一生命运的高考。

当夏天的蝉鸣于耳边不停地响起时，他已经坐进了考场，高考开始了，他知道他命运的转折点到来了。不知道今年的试题是易是难，这些试题有没有超出老师的预料范围，不管了！统统不管了！他开始写姓名、填考号，看题、答题、涂卡、反复检查……经历过一次又一次的考试，这些他早已经轻车熟路。是的，他的一生，似乎都是为了等待这一天的到来。

无论他在毕业班里成绩如何，在每次的模拟考试中排名第几，今天都已经成为过去，因为只有在高考中成绩超过分数线，才能顺利进入自己为之奋斗了许久的理想学府。

回望过去，无数个日日夜夜的寒窗苦读终于迎来这最后一考。看着那些在复习中做过无数次的试题，他才发现，自己的命运此刻与之紧紧相连，尽管有些题目可能在复习中见得不多，但是，为了想要的分数，他还是愿意竭尽全力为之一搏，希望这些努力会对未来的梦想有那么一点点帮助。

但是，为不让自己被压力搅乱思路，他不断告诉自己，无论如何，都要坦然面对，成绩不是唯一，追逐自己想要的生活才是最重要的人生底色，青春除了分数，应该还有更多值得追求的东西，绝对不能让一纸成绩左右心态，这是他在高考时，自己给自己的、最温暖而强大的内心支撑。

站在人生的第一个十字路口，青春总会有迷茫、有彷徨。但是，青春的高考，其实只是一种经历，没有绝对的输赢，更没有绝对的胜负。无论将来能否考上自己理想的学府，他知道自己一定能找到展现自我的舞台，去证明自己。

三天高考奋战结束后，他终于如释重负，当大家都在讨论分数的时候，他已经抛下所有的顾虑，开始了憧憬已久的旅行。其实他只想借此机会，让自己紧张的身心得以放松。而就在旅行结束打算返回的时候，他收到了通知，以优异的成绩被梦寐以求的大学录取了。

那一刻，他的心头泛起的，不只是欣喜，更多的，是对青春的思索……

就像人们常说的一样，青春就像一场重感冒，每个人都在经历着成长的疼痛，每个人都会在无奈的"病痛"中承受着那个年龄所无法承受的一些东西，但我们还是愿意留在那个美好的年华中，想再去十八岁的雨季中，淋一场大雨，就算受伤，也是值得，因为有一句话说得好，因为痛，所以才叫青春。

那么，就像青春时代的分数和考试一样，它的影子留在十八岁的雨季中，那时，当我们抬头仰望天空的那一刻，梦想被一个又一个的分数击得粉碎，但我们依然会倔强地睁开眼睛，迎接自己必须去迎接的现实和命运。

学生时代的雨薇，对考试和分数的印象极为深刻，常常为"√"而欣喜，为"×"而叹息。那时大家努力的所有目的，都是为了得到"√"，这是青春时代每个人心底最真实的向往，也是大家彼此竞争的目标，每一次考试中的"√"都是每一个人认真学习的证明。

可是，有时分数就像是故意和自己开玩笑一样，因为"√"的美丽往往如昙花般成为惊鸿一瞥，取而代之的是试卷上不断增多的"×"。于是，升到初三的时候，雨薇的成绩如自由落体般飞速下滑。看着"×"接二连三地出现，雨薇彷徨，伤悲，开始畏惧考试而惶惶不可终日。难道考试真的是青春的咒语，难道自己青春的梦想就要在这"×"中结束了吗？不，绝不能这样！于是一向不服输的雨薇开始重新审视分数的意义：人生不可能永远是"√"，要允许"×"的存在，只有经过"×"，才能走向"√"，过程往往重于结果，从"×"中总结失败，以获取更多的"√"才是最大的收获。于是，雨薇不再彷徨失意，而是在一次次考试的跌宕起伏中逐渐领悟出成绩的真谛。

如今，已经升入高中的雨薇，面对每一次考试和分数，已经变得非常坦然了，没有大喜也没有大悲，取而代之的是理智而冷静的思考，以及独自分析问题的能力，就算考砸了，也已经懂得找到失利的原因，及时发现错误，迅速弥补。毕竟所有的成败得失，还在于自己的努力，哭与笑都是没有任何意义的，只有为自己赢得驰骋考场的能力，才能真正主宰考试，把握青春。

雨薇知道，自己的青春必定在考试中成长，而且她也会以自己的努力，将今后人生中所有的"×"都变成"√"！

就像有人说的，青春的分数和成绩就像一座围城，把所有青春的梦想都围在了里面，如果我们能在围城里面考出优异的成绩，那么将来才有能力离开围城，去到外面更广阔的天地中，展现自己的才华。

这句话听上去还是有几分道理的。没有学生时代的好成绩，又怎么能为将来的成功奠定良好的基础。尤其是对于已经参加过高考的人来说，高考分数就是决定我们一生命运的关键数字，就是这几个数字，已成为我们青春的记忆。虽然这些记忆大部分还是充满着"血淋淋"的苦涩感，但是，正是因为有了考试过程中的拼搏和为了梦想而不断努力地冲劲，才有可能让我们在接下来的日子里，有更多的资本去憧憬。

也许，若干年后，等我们慢慢长大，再回首时才会发现，那些年，为了分数煎熬的青春，是多么纯粹，多么简单的美好。

6. 敢想敢做的年代，我们都犯过错

人人都希望自己活在一个对的世界里，过着不用为错误愧疚的轻松生活。可是，一个人想一辈子永远做着正确的事情实在是太难了。而且，为了维系自己在别人心目中的"形象"，每天战战兢兢地生活着，实在是一件很辛苦的事情，青春本就是尘世间最宝贵的时光，又哪有不犯错的道理？

我们的青春，好像就是在错误中成长起来的。因为，这个世界上没有不犯错误的人，尤其是处在青春叛逆期的我们。于是在我们成长的过程中，总是不经意地犯下许多至今想来都觉得荒唐幼稚的错误。记得法国大文豪巴尔扎克说过："人注定是要犯错误的，就算年轻的时候不犯错，在年老的时候也同样会犯错。"

著名篮球运动员姚明说过："青春时期的我们，性情中需要一种本真的疏狂，因为年轻的资本就是不怕犯错，错了还有很多可以重来的机会，但是老了就不行了，错一次就会耽误很多机会，因为你已经等不起时间了。"就像西方谚语中说的一样，"年轻人犯错误，连上帝都会原谅"。

当然，这并不是说我们的青春注定应该因莽撞作无谓的牺牲，更不能拿年少无知当做犯错误的资本。只不过，青春的荷尔蒙为我们的身体注入了更多的冲劲和抱负，让我们多了一份"初生牛犊不怕虎"的精神。因为，青春的经历，让我们的每一次跌倒都能成为一次成长；每一次的挫败都能成为一笔财富。我的青春我做主，因为年轻，所以生活才有了很多不可能的可能。

"年轻的资本不是花容月貌，而是有机会去犯错误。"这是著名主持人杨澜对自己青春时光最好的总结。

上世纪九十年代，杨澜还在主持《正大综艺》栏目，是当时家喻户晓的央视节目主持人。本以为她会在这种光环的包围下心安理得地继续着自己的事业，可就在她的事业达到顶峰时，她却突发奇想，心里生出一个念头：去美国读书。

杨澜的离开，让很多人费解，可是她的理由只有一个：无论离开是个多么荒唐的错误，既然决定了，她就愿意尝试。因为，这些机会以后可能都不会再有了，那为什么不趁着自己还有犯错的能力，去大胆地搏一回呢？没有错误的青春，是何等苍白！

到美国之后，杨澜也曾经为自己的决定而后悔过。

杨澜刚到美国的时候，读的是纽约的电影培训班。美国的同学曾经问起她在中国的工作，当她说自己在中国是做主持人的，月薪三万多时，同学们都很惊讶，因为这样的收入，在当时的美国也算是中上等啦。听了这个数字，同学们都耸耸肩，一脸狐疑地问："那你还来读什么书啊？"

这让杨澜内心的犯错感愈发强烈。

一天深夜，已是凌晨三点，杨澜依旧坐在电脑前工作着。可就在她打算把做完的东西保存起来时，电脑突然死机，早晨马上就要用的文件突然不见了，杨澜几乎崩溃，此刻饥饿的她，连吃饭的力气都没有了。万籁俱静之际，门口的通道里传来老鼠游窜的声音，那种感觉，是道不尽的"独在异乡为异客"的凄惨。那晚，杨澜哭得撕心裂肺，她恨自己当初身在福中不知福，放弃中国那么好的生活，跑到美国来受罪。

后来，为了证明自己当初的决定没有错，她开始试着调整自己的状态。有一次，在负责录音和编辑的程序中，杨澜因为理解错误，在胶片连接处贴了两层胶纸，导致在放胶片时，胶带连接处全部断开。后来，老师查明问题情况后告诉她，应该正面反面各贴一层，而她却在正面贴了两层。

虽然当时的错误让她感觉羞愧无比，但这个"小错误"却也让杨澜学会了一个小常识。透过这件事，她终于明白，出国虽然是青春时自己所犯的一个错误，但正是因为有了这个错误，才让她在"充电"的路上一点点成长了起来。

就像《那些年，我们一起追过的女孩》的作者九把刀说的那样，"如果你在青春这个允许荒唐的时光里面，居然还过得小心谨慎，那就是绝对的损失。"九把刀一直觉得自己学生时代最大的优势就是打架，几乎没有输过。而且他说自己每次都是一对三，对方如果冲上来，他就马上抱住对方的脚，然后把他的鞋子脱下来扔掉，趁对方捡鞋的时候，直接将其撂倒。结果，一场恶战后，九把刀往往都是以少胜多，将三个人统统秒杀。当然，他也有失手的时候，比如在大二时，他在一场格斗大赛中，就被一名跆拳道高手直接打翻。于是，电影《那些年，我们一起追的女孩》就有了这样一个场景，戏里戏外，他的青春就是沈佳宜嘴里说的那句话："你真的好幼稚。"

是啊，也许这些个幼稚的错误，正是青春的奇妙所在。

因为，我们每一个人的成长，都是从大大小小的形形色色的错误中开始的。在错误中，我们跌跌撞撞学会了走路；在错误中，我们青涩地学会了恋爱；在错误中，我们涂涂画画学会了工作；在错误中，我们吵吵闹闹学会了宽容；在错误中，我们走走停停学会了理智……

陈岩和大多数青春期的孩子一样，也会经常犯一些大大小小的错误。用他的理论来说，一个人的青春，只有在不断的错误、不断的挫折中，才能逐渐懂事，因为犯错误后人才懂得反思，才懂得如何不断调整和改正自己的行为观念。

上初中的时候，陈岩总会犯一些幼稚的错误。有一次，他和好朋友搞了一个恶作剧，在吹得鼓鼓的气球里装上水，然后站在阳台上拼命地向楼下扔。看着五颜六色的"水弹"飘浮在空中，他们都兴奋地喊了起来。这时，只见一个"水弹"不偏不倚地正好落在了一辆三轮车上，骑车的老人受了惊吓，车把猛地往侧面一歪，如果后面的一辆小货车没有紧急刹车，肯定会撞上老人。看着楼下的惊险一幕，陈岩不由得出了一身冷汗。如果三轮车再偏过去一点点，如果那辆车刹车慢一点，后果将不堪设想。

高二后半年，情窦初开的陈岩开始了一段惊心动魄的早恋。小小年纪，居然也可以爱得死去活来，不顾妈妈的反对，誓死捍卫自己的爱情。后来，妈妈给他下了最后通牒，如果不赶紧收手，马上将他转学外省。陈岩听后，第一时间想到的，不是妥协，而是私奔。那年，他们真的选择了双双离家出走，就在陈岩失踪后的第三天，妈妈在警察的帮助下找到了他，看到陈岩的那一刻，满脸泪痕的妈妈颤颤巍巍地走上来，将他紧紧地揽在怀里。

那时，陈岩忽然明白，他那青春的冲动，带给亲人的，是多么深刻的伤害。

青春时期的错误，注定可以被原谅！

因为不谙世事的莽撞，犯了错误，可以反省，可以改正，然后可以慢慢成长。因为年轻，所以我们才如此无所畏惧，因为我们还有大把的时间可以挥霍，可以在挥霍中慢慢地成熟起来。

所以，青春最美的状态，不是年轻灿烂的容颜，而是可以犯错的特权。当青春远去的时候，想再体验一把青春专属的错误，已经没有这个机会了，而且那时我们换来的，只有别人鄙夷的眼光："这么大岁数了还犯这种幼稚的错误，这辈子都白活了。"

那么，趁着青春还在的时候，让我们给自己一个犯错误的机会吧。人人都希望自己活在一个对的世界里，过着不用为错误愧疚的轻松生活。可是，一个人想一辈子永远做着正确的事情实在是太难了。而且，为了维系自己在别人心目中的"形象"，每天战战兢兢地生活着，实在是一件很辛苦的事情，本来青春就是尘世间最宝贵而短暂的时光，哪有不犯错的道理？

我们的青春，就是在这一次又一次乐此不疲的错误中，迎来了花开的成熟。

7. 什么都不怕的岁月里，我们注定"无畏"

站在十字路口，我们舒了口气，因为在青春的赛场上，我们曾经害怕过，但是现在，当自己又站在了另一起跑线，面对新的比赛时，我们已经学会了以无畏的心面对，并且敢于挑战新一轮的对决，这就是生命的成长！

都说处于青春期的年轻人，体内燃烧着一种能量，叫做"无畏"，也就是所谓的"天不怕地不怕"。

人们常说年少无知，所以我们的青春姿态总是一副无所畏惧的样子，常常好了伤疤忘了痛，做出很多让老师亲人们无法接受的大胆举动。

不过，听说这种这现象是一种很正常的生理变化，是大脑发育的必经阶段。

而且美国的一些专家研究后发现，青春期的年轻人并不是不懂害怕，而是这一时期的大脑产生了一种抑制恐惧的激素。所以，身处青春期的我们，反复犯错并不是故意要"耍宝"，而是大脑发育到这一阶段使我们对恐惧感"暂时性失忆"。

所以，在某银行的一则励志广告中出现了这样的句子：记住你青春无畏的样子，也许你不一定出类拔萃，但你肯定会与众不同……

谁的青春不曾无畏而幼稚，而不经历这种幼稚，如何散放出最迷人的光彩？因为青春，因为年轻，所以我们便有理由肆无忌惮地疯狂。那时，无畏的我们幼稚地以为，只要爱了就永远不会分开，只要努力就一定可以实现梦想，只要付出就一定能有回报。

可是，后来才发现，那不过是无畏的青春里幼稚的自信罢了。可是，没经历过无畏幼稚的青春，又怎会有完美的人生？

春晓上高中那会儿有一句口头禅，在班上没有人不知道：天又塌不下来！

后来有一段时间，这句话居然被全校同学评为"最酷"的一句话。后来想起来，那时的自己真的很酷，什么事都敢做，什么都不怕。

那时的春晓最喜欢做的事情，就是标新立异。就拿穿衣服这件事情来说吧，她一般都是不走寻常路的。比如：她会经常穿一件草绿色的上衣，还歪着个领子，后背上还镶着一大块红布，看上去不伦不类。裙子呢，长短参差不齐，像被狗啃了似的。一次，春晓穿了一件自以为美得不得了的怪异服饰，一走进教室，立即引起轩然大波，大家你一言我一语地开始评论，这时，一个小女生迎上去，一脸不理解地问："春晓，你穿着这样的衣服，不觉得别扭吗？"春晓不以为然地瞥了她一眼："我只穿自己喜欢的衣服，才不管别人怎么看，天又塌不下来！"这话立即又引来同学们的一片哗然。

她那"天不怕地不怕"的个性还表现在学习上。其实上高中那会儿，春晓的学习成绩还算不错，在班上排中上等。可是，那时候的她，还真没有太把学习当做一回事，更没有畏惧过考试。她很少把自己成天埋在书本里，更不会在课外搞什么"培训"之类的事情。实际上，当时的春晓也是老师重点关注的对象，有一次班主任对她说："春晓，我很看好你的潜力，只要你再努把力，就一定可以进前三甲了！"可她却不屑一顾地说："考前三甲就一定代表实力吗？据科学研究发现，真正成功的伟人们，在上学期间都是成绩非常差的学生。"一句话把老师噎了回去。

期末考试前，很多同学都会提前一个月就开始复习，还加班加点，希望期末考试考出一个好成绩。而春晓还跟没事儿人似的，就算考试迫在眉睫，她也可以悠闲地上网打游戏。等待考试成绩公布的那段时间，同学们都紧张得团团转，担心考砸了怎么办。而老师们也都在为一件事情头疼：因为春晓所有的试卷都没有做，每张试卷上还都写了五个字：向考试抗议！

班主任无奈之下找她谈话，问她为什么要这样做。春晓振振有词地说："这种考试制度本身就不合理，它让我感觉很不舒服，我认为我现在应该做的，就是用自己的实际行动对不合理的考试制度说'NO'。"话音未落，老师们已经面面相觑。这件事情一度轰动整个校园，连校长都知道了。同学们也知道了这件事，不少同学还担心学校会不会给她一个处分，那可就真的完了。可春晓依然还是一副"无畏"的表情，耸耸肩说：天又塌不下来！

好在那时候，学校还比较民主、宽松，并没有怎么处分春晓，但是一时间，"胆大妄为"的春晓还是成了学校的名人。

　　成长有时本身就是一件充满恐惧的事情，不仅有学业的压力和心灵的彷徨，还包括我们所要面对的一些挫败，和必定要经历的一些蜕变等等。所有的这些才构成了我们的青春。

　　人生如果真的永远只有童年时天真烂漫的想法，和如花般纯洁的笑颜，该有多好。那样我们就不会永远生活在某些说不清道不明的恐惧中，就一定不会再期盼什么华丽的结局，也不会再担心每一次不够理想的考试成绩，更不会为了考上所谓的名牌大学而惶惶不可终日了。可是，时光的味道总是既有苦涩，又有香甜。人，终究要在挣扎中蜕变，最终化茧成蝶。每一种成长都要承受疼痛，就像一本书中说的一样，总有一种哭泣，让人瞬间长大。

　　青春的脚步，不会因为害怕而停止，即便悲伤、哪怕绝望。我们的青春，总会有那么一些冲动，为自己，为别人，也为爱情。或许，青春本就是一段悲怆高亢的协奏曲，因为躁动不安的特殊心理过程，注定会大起大落，但是，只要怀着无畏的心情面对，就一定能走出矫健和铿锵的步伐。面对生活中必不可少的各种磨难与挫折，各种辛酸与难过，或许有时候，我们会不知所措，会无所适从。但是在青春这段什么都不怕的岁月里，内心无畏的我们发现，只要勇敢一点，天空还可以如从前般湛蓝，世界还可以充满鸟语花香，年轻的我们呢，依旧可以气宇轩昂地扬起脸来，因为我们充满朝气，因为我们单纯无惧。带着年轻这珍贵无比的资本，无论什么时候，我们都可以高谈阔论自己的理想。

　　当然，有的时候，我们的青春会颓废、会迷惘，会对周围发生的一切心有余悸，就像是一只喜欢蜷缩起来的刺猬，就像是一朵带刺的玫瑰，就像是时时处于戒备状态的弱势群体。渴望被关怀、被触及，但却又因为害怕受伤而筑起一道厚实的心门。

　　每个人的心中，总有那么一处不愿意被人触及的地方，不愿意被人窥视的感伤，不愿被发现的心思，以及不许被洞悉的情感。那些焦虑和惆怅，也许是我们真正害怕的地方。因为无所谓，所以想哭的时候就哭，想笑的时候就笑。这可能就是我们内心最好的释然，也是这个年龄独有的特权。

青春的岁月，总会有很多事情默默发生，也许，喜欢过很多人，同时也被很多人喜欢。那些总以为美好无比的梦，那些被憧憬过无数次的理想，那些被伤害泛滥成灾的眼泪，终究还是在现实的暴风骤雨后凋零成伤。或许这些刻在心头的点点伤疤，会感染，会疼痛，但总有一天会结疤并脱落。而此去经年中沉淀下来的旧日时光，教会我们的，是如何勇敢地面对生活。而曾经让我们胆战心惊的伤痛，随着生命的成熟，也渐渐消失不见了。那些念念不忘的人，那些痛彻心扉的曾经，就在这岁月更迭的间隙中悄然忘却了。

站在十字路口，我们舒了口气，因为在青春的赛场上，我们曾经害怕过，但是现在，当自己又站在了另一起跑线，面对新的比赛时，我们已经学会了以无畏的心面对，并且敢于挑战新一轮的对决，这就是生命的成长！

年少时的心有着最直接的感触与残酷，所以我们容易被人伤害，也容易伤害别人。但随着时光的流逝，那些让我们畏惧的人和事，却会永远清晰地刻在我们美丽的青春中。

第二章

曾经，以为青春可以永不告别

1. 总以为青春永在，会为我一个人驻留

很多人在年轻时都说过这样的话，我现在还年轻，先混几年没什么大不了，可说这句话的时候，我们也许还不明白，青春往往就是在这种不以为然中悄悄逝去的。青春，其实很短暂，年轻不过是我们蹉跎岁月的一种自我安慰。而且，青春一旦被我们挥霍掉，就再也回不去了。

有人说：青春太美，像霓虹般绽放光彩；青春太短，像烟花般稍纵即逝。我们每个人必定要走过的一场青春，却是如此的来也匆匆去也匆匆，就像是一本没来得及细细品味的书，当我们终于看懂它的美丽时，它已经悄然退场了。

有一个很有趣的比喻是这样说的：青春就像是一团卫生纸，总以为还有很多，用着用着就越来越少了，时光如箭，如流星般一划而过，便消失得无影无踪，而一旦逝去，便再也无法挽回。细细想来，人的一辈子只有青春是最好的时光，那时候年轻力壮，有大把的精力去奋发图强。所以，只有把握好这段特殊的时光，才不会在青春逝去后黯然叹惜。

而很多时候，当我们走在青春的路上时，总觉得这条路很长，望不到边际，总以为青春可以永不消逝，永远为我们停留。可我们却不知道，原来青春如漫天黄沙，随着狂风四起，不知何去何从间，才骤然意识到青春已悄然流逝。沧桑的脸上，淡淡隐出几分后悔，却已无济于事，因为没有人能阻挡光阴似箭、日月如梭的青春脚步，

当我们觉醒时，发现自己已不再年轻。

成长让人措手不及，青春也在不经意间慢慢消逝，直到自己慢慢地老去。有时那种衰落并不会让人明显察觉，所以，我们总以为青春会无限期地延长。可就在我们还没有意识到时，青春已了无踪影，只能看着自己老去的脸，蹉跎那终将逝去的青春。

因为，我们的青春注定要疾驰而过。

刚刚步入中年的青城，忽然有了一种不惑的感觉，知道自己的东隅春色越来越远，桑榆冬景却越来越近。想着想着，就开始感叹，青春的脚步为什么走得这么快哪？总以为自己可以好好享用几年无忧无虑的日子，可是它好像就在一转眼间，就消失不见了，让自己好一顿失落！

回想自己的青春，青城发现，其实人的一生很多事情都不是自己说了算，所以青春过去后，还是注定会留下一些遗憾的。当自己渐渐长大，当儿时的童真笑颜渐渐远去时，现在回头再来看时，觉得自己的青春确实很短暂，就连最初的梦想都没有机会如愿。虽然说那时的梦想如今看来只不过是一个幼稚的想法，但是，就因为自以为是地认为青春还有大把的时间可以挥霍，所以就连那一点幼稚的梦想，也都在生活的荒废中磨灭殆尽了。

上大学时，青城最喜欢做的事情就是逃课，那时的他总以为以后学习的机会还很多，今天逃一次课无所谓，反正这四年的大学生活，有着上不完的课，慢慢来，不着急。可是逃着逃着，忽然有一天，他发现自己站在了毕业的门口，再也没有机会惶惶度日了。那一刻，青城忽然多了几分恐慌，所以才在毕业时最后的拥抱中嗅到了不舍，在送别的挥手中感到了沉重，就在他要转身离开校园的一刹那，忽然害怕这可能是自己人生中最后的美好时光。

一切都来得太突然，一夜之间，还停留在学生梦中的他就不再是象牙塔里的少年了，在他还没有准备好的时候，已经站在了这个世界的搏斗场中，没有人同行。想着那段混沌的大学生活，明明应该无限期延长的，可是就在自己猝不及防的时候，已经被冲到时光的对岸。他恨时间太瘦、指缝太宽，时光怎么就轻易从手中流逝。正是因为什么都没得到，所以才有了那么多的遗憾。

记得大学时，青城有很多梦想，想做律师，想留在北京，想做出自己的一番事业，想靠自己的努力过上小资生活……而且，他一直以为一切都可以慢慢来，他一直以为青春很长，青春可以为自己停留，为自己等待，可是最后他却发现，青春走得太急太快，快得让他缓不过神儿来。

毕业后的青城，找工作一直没有着落，父亲就开始催促他考公务员。对于考公务员青城实在不感兴趣，唯恐避之不及，后来经过一番深思熟虑，他还是决定尝试一下这个机会。虽然他很清楚，做公务员并不是他的青春梦想，就算考上了，也不过是一辈子守着一份安逸的工作，待在一座一成不变的牢笼里，任凭自己退化成一只没有抱负的金丝雀。但是，现在的青城觉得自己已经失去了学生时代的锐气。

如今的青城忽然发现很多事似乎来不及了。时光飞得那么快，还来不及回顾过去的梦想，来不及重拾曾经的自己，来不及看清未来的路，一觉醒来，便已被站在了社会的门口。

青城知道自己不可能穿越时光隧道回到从前，所以，当他旁观正当华年的朋友大把大把地挥霍青春时，作为一个过来人，他特别想对大家说：青春太短，在这有限的时光里，如果遇到了就要好好爱，好好珍惜，这一生没有太多时光让我们挥霍，并不是每一个人都可以拥有一些难得的机会，所以如果遇到了就要珍惜，或许以后一辈子都不会再有了。

有人说过："年轻就是最大的资本！"年轻是我们的资本，这没有错，因为这个时候的我们真的什么都没有，有的也只是青春而已。所以，在这种情况下，这种资本就很容易演变为一种资历，我们怀揣着这样的一种心态，一年、两年、三年……日复一日，年复一年地耗费，总以为机会会一直垂青自己，等着天上掉馅饼，可是最后却发现，等来的居然是措手不及的失落。

很多人在年轻时都说过这样的话，我现在还年轻，先混几年没什么大不了，可说这句话的时候我们也许还不明白，青春往往就是在这种不以为然中悄悄逝去的。

青春其实很短暂，年轻不过是我们蹉跎岁月的一种自我安慰。青春一旦被我们挥霍掉，就再也回不去了，而正值青春的我们，是否还在挥霍着这一点点可怜的资本？其实很多时候，是因为我们还没有想明白，心里也很清楚自己不能再这样挥霍青春，糊里糊涂地混日子，可我们却始终都找不前进的方向。那么，我们缺少的到底是什么，一个梦想，一个准确的方向，一份坚持的动力，还是一股不妥协的勇气？

看清自己想要什么，缺乏什么，真的很重要，青春的道路上，我们难免会迷茫了自己。但是，短暂的迷茫之后，就要重新抬起头来，理清自己的头绪，想明白自己接下来该做什么，该往哪里走。因为，青春很短暂，我们谁都挥霍不起，过去的已经回不去，剩下的还在等待我们。该怎么做，想必我们心里都已经很清楚了。

2. 错过青春，便带不回最好的时光

我们都会错过青春，当真正看懂错过的时候，我们都已经长大了，青春也该散场了。但是，走过青春的我们，错过的同时，也收获了人生的阅历。那么，今后的人生，我们不会再轻易错过。生活的道理，说简单就是那么简单。

电影《那些年，我们一起追过的女孩》片尾曲中有一句话是这样说的："那些年错过的大雨，那些年错过的爱情，好想拥抱你，拥抱错过的勇气。曾经想征服全世界，到最后回首才发现，这世界点点滴滴全部都是你。"

歌词的内容虽然与爱情有关，但是我们不难发现，里面隐约间透露出一种因为青春的错过而萌生出的淡淡哀伤情绪。

走过青春的人可能都有这样的感觉，青春岁月仿佛是人生最快的一段行板，一眨眼的功夫就过去了，还没有玩儿够的时候，忽然就发觉我们都老了。

我们想紧紧抓住马上要错过的青春的尾巴，却什么也没有留住。那些留在青春影像里的记忆的确很美好，可再一回想，曾经从生命里经过的人与事，好像从来没有真正属于过我们。

很多时候都是这样，错过之后再来追忆时，才发现原来我们如此脆弱，那些在青春里擦肩而过的原本属于我们的东西，现在留给我们的只有无限的感慨，因为那些错过的，终究是回不来的，不是吗？

还记得那时候，我们在迷茫和无知中做错过很多事情，但当时的自己浑然不觉，曾经以为可以这样下去。可是到后来才知道，原来我们已经将青春的精力浪费在了倔强和固执的坚持中。

　　还记得那时的我们，在得不到与坚持中颓废着，有时常常是一边听着悲伤的音乐，一边默默地细数着情感和生活带来的伤痕。我们的日子就在这样伤感的岁月里一点一点地错过。

　　后来的某天，我们忽然发现错过的是真的回不来了，越是追忆，越是不断地错过，不光过去失去的追不回来，就连现在拥有的，也会在追忆中遗憾地错过。我们总是信誓旦旦地说要珍惜、把握现在，可是身在青春之中的我们，有谁真正地把握现在了呢？青春一旦溜走，就再也回不来了。

　　而我们，只能一直错过。

　　每一个生活在大城市的人都知道，无论是上学上班，每天的必修课就是追赶公交车。早上为了尽量多休息一会儿，我们总是刻意把时间安排到最后一刻，好让自己在最后一秒赶上想要乘坐的公交车，最好还能在上车时找到座位，那结局就更完美了。

　　不过，更多的时候是远远站台，看到公交车在站台上停靠，正想着赶紧赶过去，车子却徐徐启动了。驾驶员丝毫没有想要停下来等待的意思，全然不顾我们穷追猛喊的急迫心情，绝尘而去。

　　错过之际的我们开始后悔，倘若提前两分钟处罚，完全是另一种结局。于是，我们一边叹息错过，一边开始在脑海中列出无数种假设：假使可以跑得更快些，假使公交能够突然停下，假使路口突然变成了红灯……但所有的设想终归是设想，我们唯一可以做的就是提早半分钟出发。

　　后来，为了不让自己再错过，我们刻意提前出门，但最后发现公交车有时还是会与自己擦肩而过，可能是正赶上后一趟公交车没来而前一辆车刚刚走。公交车就这样从身边驶过，没有给我们留下一点机会和念想。

这就像青春里错过的遗憾，在这个世界上，总会有我们赶不上的那趟车，就算是再提前准备，同样有可能错过某一趟班车。

所以，青春注定会有很多关于错过的遗憾。

周国平说过：每一个人只有一次青春，所以要学会在青春期尽情享受青春。也许有一些事情，过了青春期也一样还可以去做，但滋味是不一样的，譬如说，过了青春期的爱情，一样可以甜蜜真挚，但终归还是少了一份纯美和激情；同样是旅行，青春期的好奇可以让旅行变得更加刺激，而中年后的感觉却平淡了很多。

所以，最好的时光在青春，我们没有理由错过。

那一年，徐帅刚上大一，爱上了班上的一个女孩，女孩家境很好，父母都是商界名人。幸运的是，女孩也有意于他，只是他们的关系还不明朗。一次，女孩在家里举办生日晚会，邀请徐帅去参加。可不巧的是，那段时间刚好家里出了点事，徐帅需要火速赶回外地的家。于是，他便委托朋友，代他去参加女孩的生日宴会。

没想到，朋友在参加宴会时，被女孩的美丽和气质所吸引，竟然对女孩展开了热烈的追求，一瞬间迸发的感情让他忘记了"朋友之妻不可欺"的原则。徐帅从老家回来，听到这个消息后，整个人都傻了，他没想到自己信任了多年的朋友居然背叛他，痛定思痛之后，徐帅做了一个决定：退出爱情角逐，把女孩让给朋友，成全他们。因为他觉得女孩喜欢的不是自己，而是他的朋友。毕业后他的朋友就娶了那位女孩。后来有段时间，徐帅很后悔当初做出的决定，竟然如此轻率地放弃了争取爱情的机会。

大学毕业后，徐帅也找到了自己的另一半，过着平淡的生活。一次，因为业务关系，徐帅受领导委托到一家公司谈项目。那天，踏进这家公司大厅的第一秒，徐帅就发现了一个熟悉的身影，细细一看，他惊呆了，正是大学时喜欢过的那个女孩。这么多年过去了，她还是那么漂亮，现在的她，接替了家族的事业，已经是这家集团公司的总经理，她的丈夫，也就是徐帅的那个朋友，也在女孩强大的家族背景支持下，管理着一家公司。

那天他们谈完工作的事情后，一起去餐厅吃了饭，席间，回忆起当年的事，女孩带着幽怨的口吻质问徐帅：当年为什么离开自己。她说，她真正爱的人是他，可是他不给自己表白的机会，就黯然退场了。女孩说，当初自己很生气，她认为徐帅是个懦夫，于是一气之下，便选择了他的朋友……

那一天从餐厅出来后，徐帅哭了。他知道男儿有泪不轻弹，无论如何追悔，生活都不可能从头再来，错过的青春，永远都回不去。在那段人生最美好的时光里，他原本有机会去争取和追求属于自己的爱情和幸福，可是年轻冲动的心，却因为一时的负气，就那么轻易地放弃。而就是这一放手，却错过了一生……

细细想来，走过青春旅程，我们常常会路过许多驿站……路过时间，路过机会，路过友情，路过爱情……就像一场电影，我们就是戏里的主角，看着那些从身边经过的人，慢慢地来，又慢慢地远去，我们遇到别人，他们也遇到我们……有些情节，还没来得及体会就消失了；有些人，还没来得及珍惜，就离开了。这一场又一场的错过，便组成了过往的青春。

我们都会错过青春，当真正看懂看到错过的时候，我们都已经长大了，青春也该散场了。但是，走过青春的我们，错过的同时，也收获了人生的阅历。那么，今后的人生，我们不会再轻易错过。生活的道理，说简单就是那么简单。

3. 我们的青春，终将散场

以为会永不散场的青春，其实，就在那一瞬间便不在身边了。曾经那些爱过的人，突然就变成了最熟悉的陌生人；曾经那些纯真无邪的美丽梦想，也随着岁月的风在四季轮回中慢慢地散尽……这就是青春，在患得患失的稚气中上演，直至一场场的青春帷幕渐次落下。

在歌曲《青春散场》中这样唱到："那时候我们还不懂忧伤，用快乐湿润这夕阳，任凭时间静静流淌，回过头才发现，快要离开这青春的剧场，青春开始散场，定格稚嫩的脸庞，闭上眼却藏不住留恋的目光，我们开始迷惘……"

这段歌词，真实地道出人们对青春散场的迷茫与留恋。

对于青春，每个人都有许多话想说，而且不一样的人，又有不一样的说辞。青春的我们，带着一份无处安放的固执，带着一股茫然得不知所措的憨劲儿，一头闯进了前途未卜的人生，折腾得气喘吁吁，像个小孩一样摸索着，感悟着……而当有那么一天忽然发现自己开始慢慢长大时，才惊觉青春正在一点一滴地逝去，这时我们才知道，青春终会散场，我们终会老去。

青春是什么？青春是你还不了解就已经在经历的故事，是你藏在胸口不知如何表达的茫然和迷惑，是你一直不断寻找却总也找不到的人生驿站。

青春，也就是在这样的茫然中慢慢开始散场。不知道什么时候开始，忽然就走出了青春的折腾与喧闹，突然间就感觉到了孑然一身的落寞。而就在昨天，我们还曾经过教室的过道，在飘着雪花的冬日，或者在暖暖的阳光下，坐在教室的窗前微微打盹儿，做着关于爱情的白日梦。迷茫地在学校的每一个角落里打磨着最后的青春，对于未知，也是如此的颓靡和不以为然。

真的就像老狼歌中唱的一样，那时候天总是很蓝，日子总过得太慢，我们总是觉得毕业遥遥无期，可转眼就已经各奔东西。在那些日子里，我们堕落着，也不忘记奋斗着。老师整日念叨着"今天不努力明天就没出路"的道理，不厌其烦地对我们进行着循循善诱的教导。于是，听腻了数学老师的勾股定理、听腻了英语老师的现在进行时、听腻了语文老师的唐诗宋词……但终究是还是为了或明确或不明确的未来，支撑着、反抗着，像是要抓住什么似的，却又不知道要抓住什么，有的时候，真的是很迷茫。

扬子刚刚27岁。提及刚刚散场的青春，他说自己想说的话很多，但又不知从何说起。那是一段永远都无法淡忘的人生，在那里，有很多荒唐又可爱的故事，在那段被自己荒废的岁月里，有过醉生梦死，也有过疯癫痴狂，现在想来，是一种失去，也是一种获得。如今的扬子，走在奔三十的路上，他觉得青春真的没几年可以折腾的了，回首往事，心底感慨万千，他认为，青春散场，是为了更好的铭记，也是为了更好地在人生路上走下去。

上大学时，扬子在宿舍会经常和室友彻夜长谈，谈的内容大部分是游戏和女生，为此也常常招来宿管的一次次砸门。多少次，他和好友为了能在学校锁门前出去吃一碗拉面，而一次次被锁在校门外，并且轮流讨好看门的大爷，哄他放他们进去。多少次，他们通宵玩游戏，早晨马上要上课了才起床，顾不上吃早饭，直接飞奔教室；多少次，他们因为犯下的种种错误，而被罚操场跑圈；多少次，他们一次又一次在父母面前表决心，发誓要做一个听话懂事的孩子；多少次，他们逃课去听刘德华的演唱会；多少次，他们因桀骜不驯的个性，在班会上被当典型斥责；多少次，他们就算被冤枉也发誓绝不出卖兄弟；多少次，他们一起边吃涮锅，便畅谈未来；多少次，他们一帮哥们搭着肩膀漫步街头，声嘶力竭地呐喊；多少次，他们谈论着心中暗恋的女孩，谈着谈着便抱头大哭……

忘不了，为了看球赛，他们一起在周末的晚上直奔城郊的烤鸭店，整整一个晚上，他们在电视机前为自己喜欢的球队呐喊助威，时而泪流满面，时而抱头痛哭，这种有些神经质的表现，也只有那时候才有。有一次看完球赛回到学校后，已经是第二天早上九点，那次，迟到的扬子和同学们被老班罚站，结果长长的楼道里都是他们的身影，壮观的场面甚至吓到了路过的老师同学。

扬子一直记得，那张永远显示他们错误的小黑板，一直挂在教室的后方，以显眼的姿态激励着大家应该做一个好学生。他还记得那个讲课生动而充满幽默的老师，在他的课堂上，自己学会了很多东西。他还记得，一次又一次做错事情的自己，满脸歉意地被老师点名叫到办公室，后又在老师的劝慰中春风满面地走出办公室。他还记得，为了某个需要帮助的人，全班进行爱心募捐，那时的自己，居然把存了一年的银子全部捐了出来……

当然，青春最难避开的还是感情。对于感情，青春更多的是对爱的幻想和自我营造。扬子觉得现在想来，那时的爱真的很简单，以为足够喜欢就能在一起，而这种单纯的爱，也只会出现在青春里，以后可能都不会再有了，所以，能经历一下也是一件好事。其实对于爱情，那时的扬子因为太年轻，根本不懂什么是真爱。爱和恨，只不过是自己青春时代所无法避免的一种成长，尽管其中有很多错误，却充满了诗意。

现在想来，扬子觉得自己的青春，大部分时间都是在泛滥成灾的青春偶像剧中默默感伤着，在千篇一律的爱情歌曲中百无聊赖地无病呻吟着，不过当时感觉却是极其美好的。记得毕业那天，大家像生离死别一般抱在一起哭泣，那场面也的确够浪漫，扬子知道，曾经的晓风残月，曾经的校园盟约，如今即将走向尾声，大把大把的誓言都将留在青春的记忆里……

是的，每一个人的青春，就这样散场了。

人们都说婚姻是一座围城，青春又何尝不是一座围城，在里面的人挤破了头皮想出去，冲出外面的人却奢望着能回去。所以，出来之前过好青春的每一天，出去之后走好眼前的人生旅程，是每一个走过青春的人，最想对大家说的一句话。

因为，青春不知道什么时候，就已经悄悄散场了。而且，只有在青春散场时也许我们才明白，青春，总是在我们期待长大的过程中悄悄溜走的。比如当我们还在十五岁的时候，总是想着什么时候能够长到十八岁，觉得那才是真正的青春，可是到了十八岁又盼着长到二十岁，觉得那时才是真正的大人了，能拥有大人一样的自由，可是过了二十岁时，却又期待着能回到十几岁时该多好。于是，青春就是在这样的期待和等待中消逝，当我们明白什么才是青春真正的痕迹时，青春早已经远走高飞了。

于是，年轮不经意间就在我们的身上烙下苍老的印记。以为会永不散场的青春，其实，就在那一瞬间便不在身边了。曾经那些爱过的人，突然就变成了最熟悉的陌生人；曾经那些纯真无邪的美丽梦想，也随着岁月的风在四季轮回中慢慢地散尽……这就是青春，在患得患失的稚气中上演，直至一场场的青春帷幕渐渐落下。其实，也挺美！

4. 青春没有彩排，跟着感觉走

不曾疯狂过的青春不够丰满，不曾肆意过的日子不够浓烈。趁着还年轻，趁着还有感觉，为青春奔跑吧，就算摔得鼻青脸肿，那也是一路的华丽。华丽的受伤，胜过麻木的等待。青春没有彩排，每一天都是现场。年轻，就是资本。

记得有位名人说过"人生没有彩排，每一天都是现场直播"。那么，我们是不是可以说，青春没有彩排，每一天都是现场直播。

有时，我们需要的可能正是这种活在青春当下的心态。因为，人生没有设防，谁都不知道自己的青春会遇到什么，该如何走过，所以，过好现在的每一天，就是一种最好的珍惜，因为抓住上帝赋予我们的每一天，就是抓住了青春的尾巴。不然，当我们还没有察觉的时候，青春可能在不经意间就已经溜走了，等回过头来的时候，剩下的可能只有后悔了。

很多时候，青春就像是一场体育赛事，我们无法预知比赛的结果，所以只能跟着感觉走，尽力做到最好。也许，我们奋力冲向终点的时候，结果却是惨遭淘汰；往往以为势在必得，结果却是败下阵来；往往信心百倍，结果却是四面楚歌；往往势在必得，结果却是连连失利……很多事情都不在我们的预想之中，青春也一样，随着裁判员的哨声一响，比赛便结束了，我们的青春也将曲终人散，但是面对离场的哨音，我们知道，无论输赢，我们还是走过来了……

青春不需要刻意，因为青春本身就是素面朝天、毫无修饰的呈现。对于每一段青春而言，都是在毫无准备的情况一点一点走过来的。所以，我们没有必要刻意地去展现或者追求一种什么样的表达形式，只要我们有颗干净纯洁、无拘无束的心，到哪里都可以挥洒青春的风采和自由！

　　泰戈尔在《飞鸟集》中说过这样一句话"上帝在创造中发现了我们"，上帝如果没有创造，就不会有我们的存在。青春没有彩排，并不是说我们要停止创造，我们的青春，失去了创造力，必定是灰暗无光的。创造力就像是青春的一粒兴奋剂，当青春在最自然本真的感触中走过时，因为有了不断在我们头脑里闪现的奇思妙想，青春才变得更加趣味横生。也许这种富有创造力的思维，过了青春之后，就不会再有了，这是每个过来人的深切体会。

　　人们都说，青春之所以耀眼，是因为我们头脑中灵光一闪的"小点子"，这些小点子和城府无关，和心机无关，这是青春最自然的感觉，耍不了酷，伪不了情，装不了成熟，没做作，没虚伪，悲则泣，喜则乐，这样的青春简直美得彻底而直接啊！

　　当然，青春最猝不及防的，还是那种在爱中心跳的感觉，从《山楂树之恋》到《那些年我们追过的女孩》，从《致青春》到《中国合伙人》，感情永远是青春最不可缺少的主题，而青春时的感情的确就像是一场没有彩排的戏。那时的我们，突然就相遇了，突然就爱上了，突然就分手了，一路走来，我们发现，青春的爱情自然得像路边的野花，静静地开放，淡淡地散发着幽香，谁都没有刻意去限制自己美好的感情，因为我们知道，能在最美的青春遇见你，是一种幸福。

　　说白了，我们的青春就是现在的每一天，因为，青春没有彩排。

　　在青云看来，青春，是人生最梦幻的旅程。永远都不知道自己下一个路口在哪里，也永远都不知道下一秒会发生什么，这就是青春最美的地方。可以不问来路，不用去想，每一个人都像一个探险家一样，走在青春的迷宫，眼前遇到的每一件事，对自己来说都是一个惊喜。是的，青云一直觉得，没有彩排过的青春，美就美在那份对未知的期待上。

　　因为"身在此山中"，所以永远都看不清眼前的庐山真面目，更不知道青春的意义，所以有时青春仅仅只是一个年纪，一个阶段。青云说，他自己真的还不知道生命列车要经过怎样的风景，更不明白，他到底该为怎样的风景停留，要将青春停靠在何方。也许青春就是这样，一切都是迷茫和不确定的，别人告诉自己应该走的路自己不喜欢，可自己又不知该往哪里走。

那个时候的青云，干脆就让在自己年少气盛的魄力中，任凭血液在青春的熏蒸下沸腾，催促着自己迫不及待地奔向那浩浩荡荡的前路，所有的不知所措都可以忽略不计，所谓的"无知者无畏"，撒着热血，自己就没心没肺地奔向了青春的战场。

青云记得自己刚上大学时，心里有太多的目标，有太多的人生憧憬，太多的梦想要实现。那时的他，还没有在生活艰辛的洗礼下屈服，身上的棱角也还没有被现实的风沙磨平，总是带着那么一股蓬勃和锋利，什么都不怕，什么都不在乎，一切跟着感觉走。恰同学少年，这种不经彩排、不加修饰的青春，或许好或许不好，但一定是真实的。因为，那时的他还没有披上现实的伪装，所以，他的歇斯底里，他的悲伤，他的疯狂，他的大喜大悲，都是那么的真实自然。

青云说，很多人觉得他的感觉太随性，不在意别人的看法，以自己为中心。其实恰恰相反，不是不在意，而是太在意。有时，自己表现出来的思想和行为，就是为了证明自己的选择是正确的，只是还年轻，没有太多的经验，所以需要尝试。他希望自己的青春可以在人生的舞台上绽放，他要让别人知道，也让自己铭记，只是，谁的青春不是在摸索中感觉出来的呢？

青春里，谁不是逼着性子一路走来的？只是，这么多年走过来后，青云觉得，在摸着黑感受青春的路上，需要一边感觉，一边思考，一边思考，一边总结。这个年岁里的自己，才不会白白经历。

这就需要，在青春里的每个人去认真品读它给我们的含义，我们总要在时光一点点流失的时候，渐渐看清这种感觉背后的收获。因为等到青春散场的时候，一切与青春有关的事物便成了未来生活的影子，而这便是青春可以影响人一生的缘故吧。

所以，走过青春的青云是这样总结的：跟着感觉走过的青春，虽然有很多不确定的未知，但它却决定了我们的一生。

我们的青春没有彩排，因为，我们永远不知道下一步会发生什么。

《阿甘正传》里有句经典台词："生命就如同一盒巧克力，你永远不知道下一颗是哪个。"是的，我们的青春就像是一盒巧克力，但你永远也不知道下一颗是什么味道。青春的每一颗巧克力都是独特的，也是最美丽的一颗。在那些最美的时光里，我们的笑容真是明亮，我们的笑声爽朗无忧，也许就成了我们青春最不需要彩排的写照。在那些年轻的岁月里，虽然我们时而迷茫，时而叛逆，时而忧郁，时而疯狂……但是也正是因为这种随性的感觉，就连为成长付出的伤痛也显得那么的幸福。

因为希望有一份值得纪念的青春，有一个美好的将来，有一份不离不弃的幸福，所以我们任凭青春在自我感觉中骄傲地生长。所幸的是，我们也收获了很多很多，比如责任；比如承受；比如担当，比如豁达，比如坚强……也正如电影《致青春》里的一段话："现在知道了，那些恣意飞扬的岁月里，我们每一次躁动不安的梦想，年轻气盛的誓言，猝不及防的暗恋，义无反顾地摔倒又爬起，其实都藏着一颗颗饱满的种子，它让我们有了脊椎，有了思想，有了人格，通晓了嘴巴和手真正的功能，在人生每一场来势凶猛的暗战中，保全了自己。"

不曾疯狂过的青春不够丰满，不曾肆意过的日子不够浓烈。趁还年轻，趁还有感觉，为青春奔跑吧！就算摔得鼻青脸肿，那也是一路的华丽。华丽的受伤，胜过麻木的等待。青春没有彩排，每一天都是现场，年轻，就是资本。

5. 我的青春，当时只道是寻常

我们当年的青春，也正是因为这一份寻常，才过得那么的心安理得。生命本身就是不断演绎着离合悲欢的桥段，谁不曾年轻过，谁不曾挥霍过青春的时光。谁又真的能在失去前把握住每一个该珍惜的东西？那样稚嫩而温暖的青春，当时只道是寻常——失去后才销魂蚀骨的寻常。

2013年，一部名为《致我们终将逝去的青春》的电影异常火爆。这部带着几分伤感的电影，讲述的正是走过青春的我们内心的失落和迷惘。而那些当时看起来极其寻常不过的友情、爱情、等待与期盼，后来却成为每一个主人公内心深处最隽永的人生印记。

青春，那是一段如此疯狂直接、又如此不知所措的岁月。有幸福，也有悲伤；有激情，也有颓废；有浪漫，也有荒唐；有自信，也有迷茫。我们偏执于自己的感觉，我们在背叛中故作坚强；我们在伤害与被伤害中徘徊，我们自以为是地在颓废中快乐着，在寂寞中美丽着；我们自信地认为自己与众不同，甚至相信世界也会因我们而改变。这些感觉，在当时看来是何曾的寻常，而失去后又是何等的珍贵。

人生好像就是这样，那些美好的东西，当我们握在手中的时候，常常熟视无睹。只是忽然在那么一瞬间，感觉很快就要失去的时候，所有的遗憾和懊悔才会慢慢涌上心头。比如时光，在青春里一直被挥霍着，看着渐老的容颜，才知道青春易逝；比如爱情，在一起时觉得不过是寻常事，错过了方明白爱是如此珍贵。而那些当初看似寻常的东西，一旦逝去便是刻骨铭心。

在那些青春最寻常的日子里，现在想来，所有的感觉都是那么美好。还记得高中的时候，放学后老师总喜欢拖堂，大家都等得一脸的迫不及待，而当老师一宣布放学后整个教室就像炸开了锅，那场面真是人山人海，壮观极了。还记得大二那个黄昏的晚霞特别美，牵着初恋女友的手走在校园的梧桐树下，伴随着脚踩落叶的咔嚓声，心脏也在"砰砰"地狂跳不已，那时夕阳刚好暖暖地照在脸上，心里感觉幸福得有点发慌……

如果那个时候知道以后可能不会再拥有这样的幸福时光，我们一定会放慢脚步，让时间慢慢地飘过，留住那些当时看来极其寻常的感觉。可是最后，青春还是变成了回忆。中学时光，大学时光，研究生时光，那些美好的岁月，有时候，会忽然闯到我们的梦中：梦中的我们，带着青春的微笑，在教室里努力地学习、在球场上快乐地飞奔，在阳光下甜蜜地恋爱……只不过只有梦醒后才知道，一切不会重来，那些当时看来最寻常的青春时光，一切终将逝去。

那一年的美娜刚上大一，刚刚离开家，来到一座陌生的城市，感觉身边的一切都是那么不习惯。尤其是来到一个新的环境，感觉自己身边一个朋友都没有，特别孤独。

那天下课后下起了大雨，美娜忘记带饭卡了，饥肠辘辘的她只好冒着大雨，一路狂奔回到离教学楼很远的宿舍取饭卡。那天的雨特别大，任她如何躲闪也挡不住大雨的侵漫，雨点毫不留情地打在身上，美娜忽然有了一种身在异乡的凄凉。

就在她没命地向前冲的时候，一个身影忽然挡在了美娜的面前，"嗨，需要帮忙吗？"透过雨雾，只见一个撑着伞却淋成落汤鸡的女孩，一脸坏笑地看着自己。美娜面无表情地对她说："你都淋成落汤鸡了，还有闲心管我的事？"女孩却极富个性地回了她一句："我们彼此彼此啊。"听了她的话，美娜扑哧一声笑了。

从此以后，她们变成了好朋友，女孩的名字叫夏天。

随着接触越来越多，美娜发现夏天是一个很仗义的女孩，绝对是那种甘愿为朋友肝脑涂地的人。再后来，她们的关系便由朋友变成了知己。

大二那年，她们两个分别投入了一场恋爱，青春的恋爱因为不成熟，所以会经常发生一些矛盾。美娜有个习惯，每次和男朋友吵架后都会找夏天哭诉，而夏天每次都会安慰美娜说，"小姐，想开点，姐的肩膀借你靠。"夏天的安慰也总是会让美娜破涕而笑。

可是，后来发生的事情，让她们都始料不及。大二毕业时，美娜便告别了那段在争吵中成长起来的初恋，一个假期的时间基本上都用来疗伤。大三开学后，天天和夏天，还有她的小男朋友泡在一起。也许是日久生情，也许是寂寞难耐，一个月高风清的夜晚，夏天的男朋友突然告诉美娜，他喜欢的人其实是美娜。美娜听了以后，竟没有丝毫抗拒，而是莫名其妙地倒在了男孩的怀中……

再见夏天时，美娜看到的是她绝望的眼神，和消瘦的脸庞。美娜知道自己无言面对她，于是，那段时间美娜一直逃避着，不见夏天。也许是报应吧，和夏天的男朋友在一起四个月后，美娜得知他又有了新的目标。这一刻，美娜知道，这是上天在"以其人之道还治其人之身"，自己活该如此！

后来，美娜病倒了，一个人孤零零地躺在宿舍。其实很久以来，美娜一直活在痛苦和自责中。想到自己对夏天的背叛，想到那个不值得的男孩，她一次又一次失眠，内心的烦闷、空虚、寂寞充斥着整个脑海和胸腔。那时，美娜忽然很想夏天，鬼使神差地，就拨了她的电话。

电话通了，美娜什么都没说，只是对着电话哭泣着。

夏天一如既往地说："小姐，想开点，姐的肩膀借你靠。"

说完，她们都大笑不止。

夏天说，她其实已经习惯了说这句话，她很怀念当年她和美娜之间最纯粹的友情。

伴随着两行止不住的清泪，美娜的心也禁不住涌出了泪水，她知道，那一刻自己的心在隐隐作痛。

透过朦胧的眼雾，美娜看到一句话：当时只道是寻常！

青春时，有一种借口叫年轻，所以，我们伤害了很多爱我们的人；青春时，有一种感情叫错过，所以我们失去了很多真挚的情感。而多年后寂静的夜里，心会在深深的愧疚中，追忆"当时只道是寻常"的那些错过……

那些总是出现在我们生命中的人，那些曾经温暖过我们整个青春的面孔，那些总在我们身边默默守护却又被我们忽视的人，就这样在转眼之间，消失在人生的舞台上，连背影都已经慢慢淡出我们的视线，从此不再出现。

青春里遇到的很多人，就像是烟花一样，刹那间璀璨了我们的人生。可当时却觉得他们就像是应该出现在我们的身边一样，是那么的寻常。不知道什么时候，戏称互为挚友的我们，忽然便在人群中离散，再想起他时，才知道当年的那份情有多可贵，可那时的真情，却再也回不去了。

当青春变成一场匆匆而过的短剧，当曾经的梦想变得遥遥无期……下一站，该去向哪里，该等待什么？我们不知道。只是偶尔翻过紧锁的日记，还记得，谁曾经陪着自己一起哭泣一起欢笑，一起在灿烂的阳光下让脸上的泪水被烘干。但是，我们都做到，那些当时看来寻常的记忆已经无法重演，那些遗憾也无法再填补。

但是当年的青春，也正是因为这一份寻常，才过得那么的心安理得。生命本身，就是不断演绎着离合悲欢的桥段，谁不曾年轻过，谁不曾挥霍过？谁又真的能在失去前把握住每一份该珍惜的感情？

当时只道是寻常，那稚嫩而温暖的青春，只有在失去之后才淡漠地化作寻常。

第三章

青春懵懂的人生，一夜之间梦醒

1. 忽然就走到了，梦想的边缘

当我们身在青春的梦想中时，总觉得一腔沸腾的热血，只为这一份值得坚持的梦想而燃烧，于是乎，青春在荷尔蒙的作用下，也曾无比甜美。但是，梦想总有醒来的时候，梦想总有被击碎的时候，那一刻，是不是心中也会有几分迷茫与伤痛？

青春，是人一生中最最灿烂的年华，它充满诗意，在率性而为的冲动中酝酿梦想，虽然有些脱离现实，却拥有着无可比拟的朝气与魅力。关于青春，过来人有自己的经验阅历，而正在经历的人又有自己的个性勇气，谁都有自己的道理，谁也都无法做青春的主。青春总是会在某一个时刻就突然走到了梦想的边缘，该坚持梦想还是面对现实，这是个难解的议题。

于是乎，青春很自然地就出现在了风口浪尖上。所以，我们越来越喜欢拿青春说事儿。

而青春里与我们朝夕相伴的，就是关于梦想的话题。梦想这东西，什么时候都不过时，什么时候都不褪色，反而越久，越显得成熟。所以，当年少的梦想走到边缘的时候，不要焦虑，要知道这是上帝要给我们华丽的青春缔造镌刻一份成熟的梦想。

这份青春的梦想，因人而异，不同的人心中有不同的构图。身在梦想中时，总觉得一身沸腾的热血，只为这一份值得坚持的梦想而燃烧，于是乎，青春在荷尔蒙的作用下，也曾无比甜美。但是，梦想总有醒来的时候，梦想总有被击碎的时候，那一刻，是不是心中也会有几分迷茫与伤痛？

青春只有一次。伴随着成长，看的风景越来越多，走的路也越来越长，我们发现，很多儿时的梦想伴着伤痛一点点远去，我们突然感觉自己如破壳的胚芽，正在一点一点探出头来，迎接现实，逝去的时光，已不再是自己。当青春慢慢走到人生旅程的边缘，我们终于懂得，因为那些年自己坚持过的梦想，曾帮我们抵御过多少个寒冬的来袭？青春如此美丽，连为成熟付出的伤痛都壮烈无比。而当梦想有一天高贵地散落，我们也知道那不过是一袭青春的华服，总有一天要慢慢褪去。

青春不只是经过。在那不可复制的青春里，当梦想在现实中遗落，我们收获的便是勇敢面对一切的强大！

子轩说，关于自己的青春梦想，每一个人生阶段都是不一样的。

十岁的那一年，子轩喜欢在夏天抓蚊子，以为能抓住整个夏天。他常常会在傍晚时分坐在蝉声阵阵的夜空下数星星，以为天空上有一座很大的城堡。那个时候的梦想，就是坐上宇宙飞船登上天空，像鸟儿一般自由地飞翔。那时的子轩，眼里的世界还很小，小得只有院子里抬头望天的那一片空间。

十三岁的那一年，子轩家的县城里发生了一桩命案，轰动一时，小小的他也陷入了恐慌之中。后来便有一帮警察入住了县城的各大旅馆，听爸爸说他们要暂住在这里进行案件侦破工作。那个时候，每天看着穿着警服的警察在大街小巷进进出出，子轩觉得做警察很威风。所以他那个时候的梦想，就是做个警察。

十五岁的那一年，所有的媒体都在报道关于英雄的事迹，一个又一个英雄的故事横空出世，撞击着子轩幼小的心灵。那时，忽然就觉得做一个英雄一定很酷，那种被人们崇拜，被人们簇拥着高高抛在空中的感觉，一定相当刺激吧。于是子轩就天天盼着自己快快长大，长大以后，这些梦想都能够实现了。

十八岁的那一年，忽然喜欢上了周杰伦主演的《灌篮高手》。这一年，每天除了上学，子轩大部分的时间几乎都花在了篮球上，有好几次，一直练到天黑也不愿意回家。那个时候，篮球就是他征服全世界的梦想。

二十岁的那一年，刚上大学的子轩越发变得倔强和叛逆，以为自己已经长大，所以对什么都一副满不在乎的样子。也是在这一年，子轩的日记本里多了很多关于情感的内容，他开始考虑长大的含义，开始反思青春的意义，开始变得迷茫起来。也是在这个时候，子轩忽然懂得了虚伪这个词，他发现生活中很多事情不像想象中那么真实，于是自己也开始变得有些虚伪。

这一年发生了太多事情。

子轩遇到了喜欢的那个女孩，那时他最大的快乐，就是上课的时候坐在角落里悄悄地看女孩可爱的样子，下课的时候坐在座位上幻想以后和女孩在一起的种种场景，晚上回家也总是会在给女孩发信息，与等待她回信息的辗转反侧中度过。

这个时候，子轩发现自己是真的爱上了女孩。在青春这个懵懂的年纪，两个人恰好对彼此都动了心。当子轩鼓起勇气对女孩表白时，女孩扬起脸来冲着他点头表示同意的那一刻，子轩觉得自己的世界突然变得明亮了。那时，他的梦想就是天天和她在一起，于是在操场上、公园里、巷子里，留下了他们牵手踱步的身影。

爱情在青春里的力量是不可估量的，子轩曾经以为女孩就是他整个青春的梦想，就算全世界要他们分开，他们也不会放开彼此的手。二十岁的那一年，子轩吻过她的唇角，以为这就是永远。

二十三岁的那一年，大学毕业之际，他们还是分手了。子轩似乎没有太多的悲伤，只是感叹青春已经过去了，感叹时间过得太快，那个带着梦想追赶自由的年纪已经一去不复返了。而曾经陪伴的人也了无踪迹，只有电脑里曾经的照片，提醒自己，过去的青春梦想，不过是当时的一种念想而已。

这一年，子轩终于明白梦想这个东西，不全都是合乎逻辑的，更不是都能实现的。这一年，他开始觉得青春这个东西，走了就回不来了。这一年，他开始觉得，一个人长大后走到梦想的边缘，并且一点点接近现实，是最无奈的事情。

这一年，听着过去的老歌，子轩忽然想明白了很多过去并不曾想明白的事情。这一年，听着林忆莲的《至少还有你》，想到自己二十岁的时候，也曾经轰轰烈烈惊天动地地爱过一次。

这一年，子轩再回头看《大话西游》时，终于看懂了里面的含义，终于明白至尊宝对紫霞说出那句"如果上天再给我一次机会"时的那种遗憾，他也终于明白了《上海滩》中，当许文强看到丁力要娶程程时，那种梦想破灭时的无奈和凄凉。

这一年，子轩依旧像小时候一样看着天空，才发现这时的天空和十岁时的天空似乎不太一样了，因为现在的他知道，天空中不会真的有一个很大的城堡，那不过是年少时幼稚的梦想而已，而走出梦境后才渐渐明白，原来生活比想象中要现实得多、艰难得多。

子轩知道，原来那些充满梦想的年代已经过去了，原来自己的青春，就在自己还在做着梦的日子里过去了。

青春没有对错，成长就是一个梦想接着一个梦想的破碎，我们才慢慢长大了。

每个青春都有梦想，每个青春都在为心中的那个梦想努力着、憧憬着、幸福着。但是，我们在为梦想而努力的同时，也会时不时地听到梦想破裂的声音。其实，这是很正常的，因为青春每一个阶段的梦想都不一样，随着年龄的成长，梦想也会不断更新变换。

而当我们成熟之后就会发现，原来站在现实中看梦想，真的有很多不切实际的地方。毕竟，不管我们在那个青春懵懂的时代，有多少关于梦想的展望，终究会被现实所吞噬、所取代。

我们中的每个人，最终还是得走到梦想的边缘，去臣服于现实。青春有时就像河里的石头，一开始长满了棱棱角角，天长日久被时光的河水冲刷，棱角也就都磨成圆的了。

这就是青春成长的资本！

2. 总以为对的事，却在现实里成为错误

现实就像是我们想要拥有的一颗钻石，而梦想就像当年手里那些五颜六色的弹珠，放在阳光下，就轻易地炫亮了青春的心情。面对现实没有错，梦想也终会妥协于现实，关键是我们如何在青春里去协调二者之间的关系。

当青春撞上现实，就产生了迷茫。青春和现实一旦狭路相逢，我们就不得不从青春的梦中醒来。

青春的主题永远是梦想与现实之间的较量。

当我们正青春时，因为年轻，所以一切皆有可能。生活、事业、爱情，我们忽然就走到了一个又一个十字路口，不得不去面对。我们想要毫不犹豫地选择自己想要的生活，为自己的青春做主，可是尚未脱离稚嫩的我们，在现实面前却不知道到底该怎样选择，我们能不能坚持在自己选的路上走到底？

因为我们知道，梦想和现实之间永远是有差距的。对于自己内心的梦想，一切都已经清晰，但是走过途经的每个路口时，历历在

目的现实却还是将梦想否定，正确抑或错误都已被既定的世俗规则论定，所以，我们只能也自己学会屈服于现实。

到底该坚持自我还是向规则妥协？到底该执着于自己想要的生活，还是该屈从无奈的现实？在整个青春日渐成熟的路上，我们一直抱着梦想在与残酷无情的现实较量，大部分时间我们会输，碰得头破血流之后继续前进，心灵伤痕累累却日渐丰盈。于是，我们懂得了：坚持和执着很重要，但是，适时的接受和妥协也很重要。

我们都在成长，二十岁之前，我们都喜欢这样一句话：在理想面前，所有的错误都可以被忽略。可是，过了二十岁之后，我们会发现在现实面前，个性和错误是多么的幼稚可笑。这时的人生不再是为自己活着，不再是过自己想要的生活，因为现实让我们明白我们身上还有很多的责任，不管愿意还是不愿意，我们活着不光是为自己，因为我们要扮演女儿儿子、丈夫妻子、朋友知己等等角色，所以，我们需要学会站在别人的角度考虑问题。现实就意味着牺牲，意味着妥协，所以，现实注定没有梦想轻松。

所以，青春期的我们突然面对现实时，难免有些不适应。所以，很多人才会反复思量现实与梦想的距离到底有多远。这个话题好像一直就是一个谜，其实，梦想与现实之间，其实就是站在此岸，观望彼岸的距离。

现实是此岸，那么梦想就是彼岸。我们的青春，完全是浑然不觉地站在此岸展望着彼岸。可是，看着看着，就被千帆过尽的世事模糊了眼前的一切，遮挡了彼岸的视线。于是随着时间的飘移，此岸与彼岸的距离也变得日渐遥远。

程程认为自己在青春里最黑暗的一段，就是在理想遇到现实的时候，在不得不做出妥协的时候，那种突然从梦中醒来的感觉，有些不适，也有些慌乱。

二十岁之前，程程做着自己喜欢的事情，爱着自己喜欢的人。那时候她最大的愿望是嫁给隔壁班的钢琴王子，他们对彼此都极有好感，当时听说男孩的爸爸已经给他办好了去美国学习的绿卡，于是程程便梦想着能和他一起去美国，他学钢琴，自己去哈佛读书。而这个强烈的梦想，就在男孩丢下她悄悄离开北京飞往美国的时候，"砰"地一下破灭了。

那段时间程程很绝望，将所有的痛苦都留在了日记里。斗转星移，八年过去了，现在拿起以前写的日记翻看时，程程内心忽然有了一种莫名其妙的生疏感，那时稚气未脱的孩子气般的梦想，现在看来真的很不现实。

可是当梦想妥协于现实的时候，她究竟是长大了，因为生活的柴米油盐让自己明白了，再美的梦想最后也不得不物质化，怪不得人们都说校园恋情最纯真质朴，没有掺杂任何物质的东西和琐碎的利益。

一个人要经历多少旅程，才能真正懂得担当。程程回想起了五年前师范大学刚毕业的时候，为了自己的写作梦想，为了让自己成为一个像三毛那样的人，她远离家乡，来到一个陌生的都市打拼。在都市繁忙的快速节奏中，她一刻都不敢停下自己的步伐。为了早日实现自己的作家梦想，为了能融入这座城市，她付出了很多……不想，自己在写作事业上的全心全力，换来的却是一份份被出版社退回来的书稿。这时候的程程才最终明白，原来梦想和现实之间的落差是那么大，原来，自己的最终归宿就是学会在现实面前妥协。

每一个青春的身体里都燃烧着一颗躁动的心，面对这份躁动，没有几个人能意识到自己的梦想是否符合现实。所以，那时的程程突然从梦想中被击醒后，一时还有点反应不过来，这似乎是现在每一个年轻人的缩影。刚刚还扬首翘望，一意快步向前，一心成为自己，没想到，最后得到的却是一场徒然。而昨天成为作家的梦想似乎还在冒着热气，今天却已经丢失了青春最初的那颗柔软而浪漫的心。

当哭过之后，驻足回头，环顾身边，才发现原来自己的青春都是这样成长起来的。所以下次，当青春撞到现实，当理想撞到规则时，程程觉得自己不会再被撞得头破血流，因为她已经懂得自己应该凭借什么一往无前地走在人生的道路上，这可能就是青春在悄悄地绽放吧……

现实就像是我们想要拥有的一颗钻石，而梦想就像当年手里那些五颜六色的弹珠，放在阳光下，就轻易地炫亮了青春的心情。面对现实没有错，梦想也终会妥协于现实，关键是我们如何在青春里去协调二者之间的关系。

追忆当年，青春带着梦境中的色彩，登场。青春原本就是从莽撞幼稚的梦想开始，又在梦想离开之后的现实中结束，而这一时段的人生，虽然留下了许多已经来不及挽回的遗憾，但所幸还有那些炫亮了青春岁月的梦想温暖着一路的回忆，所以，那些带着梦走来的岁月还是值得珍藏的。

有一天，当我们的思想不再灵活，当我们的冲动变得僵硬，当我们的气场不再嚣张，当那些躁动的时刻突然归于平静，我们便开始知道，青春要散场了。那些曾经的狂热与不安，那些鲁莽与碰撞，是独属于青春的色彩。

而现实里，却不过是思前想后，斟酌再三，我们最终只能隐藏在梦想的时光背后，去美美地回忆曾经在青春中的那个自己，曾经爱做梦的自己，曾经不食人间烟火的纯真。但年少时许下的诺言，不管在什么时候回忆起来，都是人生的一种温暖。

挥手作别青春，下一页便是新的起点，人总要从美好的梦境中醒来，回到现实的生活。尽管有那么一刻，我们会感受到蔓延至全身的痛楚，它甚至让我们看到现实的残酷，但是没办法，每一步成长的蜕变，都要经历疼痛，只要我们敢于接受，并试着改变，现实一样可以抚慰我们的内心。

青春是一场旅行，每一个阶段都有不一样的风景；青春是一段回忆，每一份酸甜苦辣都是不一样的阅历。梦想与现实，终究是青春必须面对的话题，这里，有我们为之挣扎和选择的痕迹。

就算青春不留下我的痕迹，但我已飞过。

3. 以为爱会永远，却已爱到荼蘼

每个人的青春都是在千回百转的爱情折磨中走过来的，曾经以为自己很脆弱，以为自己无法承受这一切。但是过来之后就会明白，情感有时也需要用理性意志去控制感性的心，这就是青春留给我们的，最好的人生经验。

焦躁不安的青春里，夹杂着一段短暂易逝的爱情，这就是我们对年少岁月最深刻的印记。

青春的爱情，本以为可以成为永远，没想到却突然爱到荼蘼，这也是我们不得不去面对的现实。就像一首诗歌里吟诵的一样，"我在雨巷里遇见了，本以为我们会相拥着走过，你却昙花一现般擦肩而过，让我们的相遇最后变成了短暂的邂逅，后来，当记忆一点点飘走时，我便把过去忘得一干二净了，青春的爱情来何以匆匆，去也就何以匆匆。"

其实，真正走出青春后我们才发现，青春的爱情，是年轮里最微小的一圈，时间很随意地把它雕刻了下来，稍有疏忽，却未曾发现爱情已经在自己年少的生命里出现过。

而在这稍纵即逝的青春里，爱情里的我们则是这条路上两个匆匆的过客。我们邂逅，从此你便走进我这短暂的青春里，但时光却慢慢地让我们发现彼此的完美原来只是假象，所以曾经的美好也多了几分若有若无的无奈。后来，我们又不得已地在前路迷茫的现实中分开，去寻找真正适合自己的生活，但是我们却从未忘记，是彼此的爱恋温暖了整个青春岁月。

现实与想象总是有差距的，谁叫这青春的缘分太清浅，谁叫这只是我们这个年代必定发生的插曲，所以感情才变得那么摇摇欲坠。其实一开始，就注定了以后的结果，并不是我们不想在这青春的时光里守护这份情感，而是我们的情感在慢慢成熟的岁月里变得不再适合彼此。

以为爱会永远，却已爱到荼蘼。当这场感情的葬礼出现后，万千思绪中，留下的不仅仅是被清空的不堪回首的过去，更应该是一种情感的清醒和沉淀。最后，我们终于明白，青春里之所以做了感情的奴隶，是因为我们那时太小，还不能驾驭属于自己的感情。

有时候我们也在想，那个时候的自己是不是太过单纯、太过幼稚，让一份原本美好的情感，成了一段不堪回首的往事。经过一次又一次摸爬滚打之后才发现，原来那时的自己还太年轻，缺少冷静理智的思考，也缺少现实必备的物质条件，因为没有面包的爱情不会长久，我们还需要具备自己创造幸福的条件。

每一个花季少男的心中，都藏有一个爱恋已久的女孩。明明喜欢得要命，却打死也不承认，只是一个人静静地体会着那份相思。不由自主地，便会常常想起她，从此她就成了自己心里的唯一，想念的也只有她。

蓝枫喜欢上女孩是在高三时，高二毕业的暑假如风般一扫而过，还未来得及尽兴地玩，就要再次埋头于高高的课本中，像往常一样学习再学习，复习再复习。女孩就在那个时候出现在蓝枫的眼前，一身白裙，扎着长长的马尾，她是从别的学校转学过来的，正好和蓝枫成了同桌。

那时，他们总在学习疲惫之余，坐在一起谈论关于未来的一切。青春因为有了彼此的相伴而变得不再孤独，尤其是在决定人生关键时刻的高三，能有这样一份感情慰藉着彼此慌乱的心，真的是一种幸福。

蓝枫知道，自己是真的喜欢上了她，看得出来，女孩也很喜欢自己。但是高中最忌讳的就是早恋，尤其是高三，若被老师、家长发现，会被批斗死的。所以，电话在这个非常时期里，全面地展现出了它伟大的一面，解救了两个饱受相思之苦的人。那时，蓝枫认为周末最幸福的事情，就是等待她的电话！

每一份初恋都是以一种来势汹汹的架势降临，让人措手不及。蓝枫对女孩爱得很投入，以为他们可以爱到永远，并且真心把女孩看作是那个要陪自己度过一生的人！

可是谁曾想，幸福来得很突然，走得也是如此的莫名其妙！他们的感情在高考结束后发生了微妙的变化。蓝枫的成绩一般，只考到了市里一所普通的大学，而女孩却以优异的成绩考上了上海的一所名牌大学。天南海北的距离，一度曾让蓝枫饱受相思之苦。就在大一放假前蓝枫打算到上海看女孩的时候，女孩忽然提出了分手，那一刻，蓝枫几近崩溃，从女孩坚定的语气里蓝枫听了出来，就算再挽留也无济于事，她去意已定。

曾经，他天真地以为：世界上一定有一个人爱我比爱她自己还要多；曾经，他总是相信那些海枯石烂的誓言；曾经，蓝枫以为爱的感觉是不会那么轻易改变的；曾经，他以为爱过了便不会再放手……

现在蓝枫懂了，那些"山无棱、天地合、乃敢与君绝"的承诺，那些曾经说过的永远，不过是年少无知的轻狂。最初的那段时间，蓝枫还不明白一个人的感觉为什么会变得这么快，快到来不及缓冲，快到让自己无法接受这个残酷的事实。

在宣布爱情终结的那段时间，蓝枫的心无比疼痛，本以为已经流干的泪水竟又放肆地流了出来。他几乎天天借酒浇愁，同学们总是安慰他说，"别太在意，错不在你，既然是她不珍惜，你无需挽留。"他苦笑着说："不怪她，感情的世界里本来就没有谁对谁错。醉后方知酒浓，爱过方知情重，我和她也许从起初就是个错误吧！"

曾经以为爱会永远，如今却爱到荼蘼。之后的一段时间，蓝枫努力收拾着自己的心情，好给这份历时两年的短暂爱情，画上一个完美的句号。他不能让一份没有结果的感情，埋葬全部的青春。

至少，走过青春的他，明白了一个道理：当爱到荼蘼时，该放手时就放手。

当爱从永远走到荼蘼，也许我们应该庆幸，结束一段不应该坚持的爱情，比傻傻地固守一份不属于自己的爱情，来得更加有价值。因为有了对方的离开，我们才真正在青春里学会了收放自如。

放弃的那一瞬间，我们可能会体会到一种前所未有的绝望，但是青春的蜕变都会经历疼痛。从此之后，我们在情感的挫败中成长了起来，我们依然相信真爱的存在，但不会再苛求永恒的爱情，我们懂得让感情顺其自然地存在。因为没有谁能保证谁的心永远不变，连许诺的人都无法保证，那何必还要去承诺呢，更没必要去轻信一个人的诺言，即便再美再动听，我们也应该冷静地看待。

　　每个人的青春，都是在千回百转的爱情磨折中走过来的，曾经以为自己很脆弱，以为自己无法承受这一切。但是过后就会明白，情感有时也需要用理性的意志去控制，这就是青春留给我们的最好的人生经验。

　　呼啸而过的青春，带着一份短暂易逝的爱情，在忽明忽暗的隧道中缓缓结束。而心灵已经慢慢走出了整个潮湿焦躁不安的青春期，期待下一个隧道后的光明。

4. 天真，只是青春才有的物件

　　成长的味道，就是一夜之间梦醒，然后突然明白，天真是青春才有的物件。每个人都有一段焦躁不安的青春，在那一段带着一点疼痛又无比美好的岁月里，我们一点点经历着化蝶前的蜕变……

　　学生年代，我们的命运总是与考试紧紧相连，总以为一张张试卷、一个个满分，就是我们命运的主宰，那时的我们以为这就是生活的全部。

　　也许，成长就意味着不再单纯吧。

　　那个时候的我们，喜欢远离人群，在一个角落里静静地思考，回忆过去或是幻想未来，活在自己营造的浪漫画面中。有时，会将一片树叶握在手心，轻轻地诉说自己的心声，然后将树叶高高抛起，并看着它一点一点滑落，那时的空气里仿佛也在荡漾着无数个纯真的梦。

　　成长，就意味着不再做梦吧。

　　也许，它从青春后半段便一点点地登场了。

成长的味道，也许就像一朵昙花。真实得无以复加，却不得不选择开放，这是生命的必然。这种独特的幽香可以让我们的人生变得更加丰富，它一旦停止盛开，也许就丧失了本身的意义。虽然成长总是夹杂着一丝疼痛，但是疼痛过后，总会有见到光明的一天。

所以，天真只是青春才有的物件，日子一天天过去，我的成长一天天加快，我的青春也在一点点流逝。

于是，逝去的不再回来，所以当青春还在我们身上的时候，一定要让自己在洋溢着天真味道的岁月里任梦想滋生，因为当有一天我们长大了，天真的梦想真的就会越变越小。

青春时的小年，和所有的少年一样，充满着天真的幻想。

但是渐渐长大后，小年发现自己也在渐渐地失去青春的梦想和天真，慢慢开始变得现实起来，跟着标准的社会规则打转，可"伪装"之余还要埋头苦学，以备将来成为一个别人眼里看起来成功的人。他总是喜欢晚上躺在被窝里，回忆年少时的天真幻想，觉得那时的纯真实在是一种奢侈。

高三那年，为了备战高考，小年开始了艰苦的学习，手上被钢笔磨出了茧子，鼻梁上架起了厚重的眼镜。每天骑着自行车往返于家和学校之间，偶尔还得参加一些必要的补习班……看着镜子里的自己一点点长高，小年发现，成长的烦恼是无法逃避的，也曾经幻想过把这"该死的"成长扔掉，好让自己变得轻松一些。

可是，成长的艰辛也教会了自己很多东西，让自己懂得了很多做人的道理，明白了人活着的原则和责任，更让自己明白了成功是多么"来之不易"的欣喜……

就像当自己为了高考的理想冲刺时，为了达成父母的夙愿而放弃自己的坚持时，为了让家人生活得更好而最终决定继续艰难前进时，他也终于懂得了，人生有时就是在撞得头破血流之后，才能真正找到属于自己的辅助线。这种成熟的想法，也许就是长辈眼中越来越懂事的标志。

成长，竟让自己拥有了如此美好的回忆。

于是小年渐渐明白，成长的确是个让人又爱又恨的家伙，曾经给过自己迷茫与无助，也曾经带给自己希望与欣悦，所以，他决定"痛并快乐着"去迎接它。

其实青春期的我们，都有过这样的经历：学习好就是好学生，学习不好就一定是差生。老师总说谦虚是美德，当分不清自卑和自信的界线时，我们尽量让自己不自卑的情况下表现得谦虚一些。人人都说"三岁看大，七岁到老"，所以年少的我们需要时刻提醒自己的行为，一定要为光耀自己的家族负起责任，更要为将来定性自己是个好人还是坏人负起责任……就在这样的压力之下，我们懵懵懂懂地形成了非黑即白、非好即坏的人生观。

所以，天真的我们，总是简单地以"好人还是坏人"去定论这个世界。于是我们的青春很容易在希望中绝望，在梦想中失落。于是，在我们的日记本里多了些冰入刺骨的哀伤。这一些症结所在都是因为我们的天真，因为我们的纯粹。我们不知道生活其实还有许多别的形式，不知道幸福的入口不止一个。

可是我们没有办法，那时的我们，其实要的并不多，却能在每一件事上全心全意地付出，期待着能用自己的努力换来想要的东西。得不到纵然是患得患失的失落，得到了却也是彻头彻尾的痛快。

只是当天真慢慢被现实取代，欲望就不知什么时候开始如气球般膨胀了起来，那时才真正明白，天真是青春独有的物件。那个气球带着我们刚刚成长起来的心迷茫地飘向现实的世界，漂在空中像捉摸不定的浮云，最后却真实地落在我们面前，砸成一个大大的欲望之壑。于是走过青春的我们，不得不感叹成年社会的复杂多变，渴求着不复回来的纯粹。小时候，一个毛绒玩具也可以成为快乐的源泉，长大后，就算拥有再多的物质却只能让人辗转难眠。

很多人都喜欢一种名为梦游娃娃的玩具。梦游娃娃是日本现今著名的现代艺术家奈良美智的作品，它可以自动漂移，遇到障碍物还会自动避开，然后继续梦游，只要上紧发条，它就会像幽灵一样缓缓前行。它有着可爱的脸庞、完美的身材比例、鹅黄的刘海、淡蓝色的睡袍，散发着淡淡的青草香味。梦游娃娃的寓意也特别有趣：它表达的是一种天真的无尽的爱、无处不在的可爱、和不想长大的心。透过这个颇受年轻人欢迎的梦游娃娃，我们发现，原来长大了的我们也不是不喜欢天真，只是当天真遇到了那么多不纯粹的东西，"天真"二字便显得苍白无力了。

怪不得人们总是在宣扬一种"简约而不简单"的生活，天真的童趣也能成为当代的一种卖点。而今天长大了的我们，一颗心开始变得满当当，想要的总是那么多，却再也不会为得不到一颗糖果而哭泣了。

5. 我已开始练习，试着学会成熟

青春就像是一场轮回，从青涩到成熟，是生命成长的必然，所以，没有人能准确定义成熟的内容。因为，那是一个人从无到有的蜕变，只有时间能告诉我们最后的答案。

青春期的我们最喜欢说自己成熟，但却不明白什么是真正的成熟。

到底怎样算成熟？余秋雨说过，成熟是一种不骄不躁的微笑，一种洗刷了欲望的淡漠，一种不张扬的厚实，一种不陡峭的高度。抛开文学色彩，青春期的成熟就是懂事、勇敢、担当、有爱心、有责任心，懂得包容和感恩，是我们一步一步慢慢形成的做人的原则。

成熟说的浅显一些，其实就是一个生物学的概念，指的是生物的内外部完全长成，已经发育到完备的阶段。所以，我们的青春有时就像一颗长在树上的苹果，会经历天真的青涩，也会经历练达的成熟。

我们曾经很喜欢这种青涩的感觉：与身边的人说话直来直往，以最真实热忱的心去帮助别人，把人与人之间的关系想得很简单，从来不懂得什么是心机与世故，活在一种天真、淳朴、真诚、正直、豪爽、敢作敢为的状态中，活得自然轻松。

那时我们喜欢悄悄地蒙上同学的眼睛，让他猜猜我是谁；喜欢在同学背上贴张纸条，上面写满了"八卦"；喜欢直言不讳地告诉别人自己的想法，大胆地展露着自己的心声；遇到顺心的事满面春风，不开心时泪流满面，但睡一觉就可以忘记所有的烦恼，自我修复能力特别强——身心处在一种自然而然的状态中，这就是我们在青春时代的"不成熟"。

但总有一天，我们要长大，要练习着学会成熟。可成熟就意味着，单纯少了，复杂多了；无忧无虑少了，患得患失多了，而一旦思想复杂了，心态就会发生变化，于是便显示出了我们每个人都会经历的青春成熟期。

从不成熟到成熟，我们的人生像枝头的苹果，自然生长，慢慢成熟，等待着生命的绽放。

王建是一个成功的企业家，经过多年商海的跌宕起伏，现在已经在经济大潮中历练得游刃有余。有人问起他的成功经验，他说：青春年少时经历挫折，在挫折中试着学会成熟，学会宽容、学会豁达、学会观察与思考，就会走向人生的成熟。

17岁高中毕业后，为了不给贫困的家庭增添负担，王建独自离家开始了人生的闯荡。那时村里的青壮年都到深圳打工，大家都认为那里是"淘金"的好去处。初到深圳的王建，不但看不到想象中的"满地金银"，连深圳的大街小巷还没来得及看一眼，就被招工的老板急匆匆地带到了破旧的棉纺厂。但是粗手笨脚的王建，因为干活儿速度慢，根本无法让老板满意。不到一个月，便被主管辞退了。第一次工作遭遇失败后，王建学会了接受人生的不如意。

离开棉纺厂后，王建便马不停蹄地开始找工作，房租和生活费的压力逼得他喘不过气来。一次路过一家制衣厂，看到招工启事后王建到店里毛遂自荐，求老板留下了他，并极力承诺虽然自己不懂得做衣服，但是一定会尽力学习。老板被他的真诚感动，留下了他。可是，王建好像天生不是做衣服的料，辛辛苦苦地干了半个月又被炒了鱿鱼。老板给了他50钱后，王建诚恳地说了声"谢谢"，老板诧异地问："我辞退了你，你不恨我吗？"王建说："当时在我最绝望的时候，是您给了我机会，尽管这个机会很短暂，但是我觉得我应该感谢您。"第二次工作的经历让王建学会了感恩。

过了一段时间，王建花光了仅有的一点积蓄。饥肠辘辘的他，来到工地做起了搬砖头的苦工。他以为只要有力气就能赚钱，但事实上，做了两天后他才发现，自己的力气和那些身强体壮的叔叔们相比，简直是拿小孩的力气跟大人比。但王建还是咬着牙埋头苦干了一个月，一个月后他领到了400元工钱。第三次的工作经历让王建学会了吃苦。

之后的王建打算不再给别人打工，他用仅有的 400 元当本钱开始做蔬菜生意。由于之前的工作经验，加上这几年积累的成熟的处事方式，再加上人缘又很好，生意也就慢慢好起来。半年后，他租了间房子做起了蔬菜批发。两年后，他已经积攒了一笔可观的创业资金。同时，两年的市场历练，让他对市场有了较强的洞察力。

走过青春的王建终于明白，成熟就是在一次又一次人生的历练中不断累加起来的！

我们对于"成熟"的理解，就像对于"爱情"的理解一样，一百个人必定有一百种答案。不同的是，随着岁月的流逝，当我们的心智越来越练达时，会发现"爱情"就如天边的流星一般，幻化出瞬间的美丽便骤然归于平静。而"成熟"却像等待绽放的花朵一般，慢慢地盛开出一朵朵生命的惊喜。对，成熟便是等在青春路口的我们，蓦然回首却发现，原来世界和想象中有着太多的不同。

通往成熟，首先要明白的，是关于"谁"的问题。因为我们从来到这个世界开始，就注定需要在人生中的不同阶段完成我们的使命。尤其是刚刚步入青春期，我们对身边的事物充满探求和尝试的欲望，成熟就像一张白纸，干净直接且毫无内容，所以，那时的我们脸上看得见的是璀璨的笑颜，看不见的是迷茫的悲伤……

通往成熟的第二个关键，是关于"什么"的问题。身在青春期的我们都会经历一段迷茫，也可以说是踌躇。当我们不再拥有当初的纯真，当我们离开了父母的呵护，身边的一切都开始变得陌生，心灵亦显得孤独无助。就像在站台上等车，不知道该何去何从时，心中就会迷茫无助。可如果知道自己前方的注脚将落向何处，接下去该做什么不该做什么，就能寻找到真正属于自己的位置，也一定不会搭错车……

成熟，就是面对人生每一个不期而遇的选择时，能用自己的理智与思维做出正确的决定。我们的青春，都是在犯错中受伤，在怀疑中徘徊，身处孤立无援的空间，我们必须独自面对，倘若不这样，懦弱给谁看？青春路上，我们会站在通往不同方向的十字站口，有时，一个不经意的选择，就有可能决定我们的一生。所以，历经伤痕累累的尝试之后，我们才有可能以一颗强大与坚韧的心去承载生命的成熟。

青春就像是一场轮回，从青涩到成熟，是生命成长的必然，所以，没有人能准确定义成熟的内容。因为，那是一个人从无到有的蜕变，只有时间能告诉我们最后的答案。

成长前的蜕变，是逃不开的疼痛

1. 下一个路口，我的青春在哪里

其实，青春就是这样，是走过一个路口、接着走过下一个路口的瞎折腾，欢笑过，痛苦过，疯狂过，摔惨过，玩过票，碰过壁……折腾累了，才发现自己不再是原来的自己，也许多了几分世故，也许多了几分沉稳，又也许多了几分历练……可是不管怎样，在这有失有得的青春里，我们却从不后悔，也并不埋怨，因为不在青春的"路口打转"，我可能永远都不知道"原地"在哪里。

有人说，青春就是走过一个路口，接着又走过下一个路口的漫漫人生之旅，时光总会带着我们迎来一个又一个新的人生段落。

不同的青春段落，有着不同的感悟和经历。于是，有人说青春终将逝去；有人说青春无处安放；有人说青春就像一场大雨，即使感冒了，也好想再淋一场；有人说青春需要疯狂，再不疯狂我们就老了；也有人说青春需要轰轰烈烈，才不会留有遗憾。

所以，青春在成长的过程中，总有一段艰难的蜕变。而站在蜕变的路口，我们总是在想，我的下一段青春会在哪里降落？不禁对自己抛出这样的命题时，其实我们是不甘心不明不白地让时光流走，总要为自己走过的年华，找一些心安理得的缘由。

其实，每一个时代的青春都有着专属于自己的位置。听说那些生于上世纪五六十年代的人，都是在文革不知其所以然的阶级斗争中成长起来的，所以在他们的内心深处，青春的主题就是剑拔弩张，就是拔刀相见。而在改革开放的浪潮下，人们开始怀揣梦想经商下海，所以他们青春的注释就是不断尝试新鲜的生活方式。那个时代的青春总是充满着矛盾，人们很开放，也很保守，所以愈发显出它的迷茫感。

曾几何时，80后也被冠以"不谙世事"的一代，被无情地批判，不过好在现在已经走出了"不知所以然"的懵懂期，找到了属于自己的生活。90后紧跟其后纷纷登上青春的舞台，孤军奋战之际，稚嫩的肩膀也承担了更多的迷惑与不解，梦想着有一天可以冲出雾霭迷蒙的青春岔路，找到属于自己的出口。身处青春期的我们，很希望能够看清自己的未来，无奈我们无法预知，只能尝试。

在我们年少的记忆里，大部分都是与校园、书本以及成绩单有关的内容，我们过早地接触到了网络媒体，这个信息爆炸的时代让我们变得有些浮躁，有些不知所措。我们为了高考和象牙塔丢弃了许多，却不知道自己青春的下一个出口在哪里。这是每一个人都感同身受的事情。

但是我们知道，我们的青春在前方，还没有书写，所以我们必须一步一步地走下去。

在小楠看来，每个人的青春都是多元化的，有欢乐也有悲伤，有落寞也有激情，有追逐也有彷徨，有迷茫也有顿悟……关键是如何在青春的每一个段落里，找到自己的位置。

所以，小楠把自己的青春分成了三个阶段：

第一，青春初期：在这个阶段，他一直在问自己，曾经那些梦想，都丢到哪了呢？

十五岁的时候，小楠喜欢幻想，最大的梦想就是变成神笔马良，拥有一支画笔，想要什么就画什么。那时的他，认为青春最美好的状态，就是为自己描绘一座房子，一家人幸福地生活在一起，房子两边一定要有栅栏，栅栏里边长满了翠绿的小草和娇艳的花儿，青石小道延伸到河边，河里倒映着碧蓝的天空，渔夫撑着长长的竹篙在层层山岚间淡淡隐去。

那个时候，小楠认为青春就在自己编织的美丽梦境里。

夏天的夜里，小楠喜欢拥着漫天星光，任由微凉的风轻抚面颊。那时候的他不知人间疾苦，以为只要愿意，便可以拥有全世界所有的诗情画意。所以他总是喜欢天马行空的幻想，那个时候，从来不会觉得孤单和寂寞。

可是人总是要长大，当有一天发现那些儿时的梦幻，突然在现实面前变得越来越遥远时，当有一天自己对很多事情不再感兴趣时，才发现年少时好多好多的爱好都已丢失，一起丢失的还有那些美丽的梦，落了一地，没入尘埃。

多年后，当他穿越时空之旅悄然回首时，不禁问自己，曾经做过的那些梦，都丢哪儿了呢?

第二，青春中期：小楠在渐渐懂事，恰逢青春盛开。

十八岁的时候，小楠喜欢站在窗口静观外面的世界，熙熙攘攘的人群让他突然发现生活的喧嚣。下雨的时候，悲伤会随着雨滴侵入心扉，编织成梦，那一刻这个宁静的世界好像多了一些孤独和落寞，飞入青春，挥之不去。

总感觉自己变得不再单纯，成长已经步步逼近，少了一份率真的任性，快乐便越来越难得了。年少时闹腾的乐趣和无忧无虑的味道，也变成了遥不可及的奢侈，总觉得没人理解自己，一颗心总是紧张地悬着，原来这世界离自己很远。

那是成长的不同阶段中，他对于人生的不同体验，尽管充满蜕变的疼痛，却是如此真实。

其实成长中的我们，之所以充满叛逆，就是因为，突然之间觉得自己的世界被现实凶狠地隔离。

那时候的世界既落寞而又美好，真是痛并快乐着，好像一切都充斥着希望，又好像一切都朦胧而不确定。开始有自己的爱恨，喜欢故作坚强，却也明白这只是一种自我伪装，尽管脸上笑意盈盈，却依然能感受到自己心灵黑暗的地方，看不清前路，却还是坚强地独自站起来，把眼泪擦干。

那是长大后，面对现实时，一点点学会成长学会面对现实的成熟。

时光似乎被什么催促着似的，总是走得那么快，喜欢做梦的我们不知不觉就步入了青春年华，不知什么时候开始，他与自己做着无休止的抗争，疯狂而又冷静，在矛盾的交叠中将青春一点点体验。

那个时候，小楠认为青春就在成熟的脚步里。

第三，青春后期：追逐是一场痛苦的旅程，但是自己不会后退！

在青春的后半段，忽然有那么一段时间，小楠觉得脚步不知该落向何方，内心充满了迷茫，不知自己的归宿在哪里。在他看来，现实似乎很沉重，人生也充满了许多无法预知的变数，摸不着边际，而自己却依然漫无目的地冲向前。虽然常常提醒自己要清醒，可内心却不由自主地着急。

于是蓦然回首，才发现：自己的后半段青春，都不晓得该栖身何处。

看着镜子里一天天成熟的自己，看着在第二性特征下换了模样的容貌，看着自己一天天脱离了稚气，心口忽然袭来一阵乱流，小楠矛盾于对终将逝去的青春的留恋，也矛盾于接下来的人生何去何从的怅然。于是，他又一次懵了。人生也许就是由许多这样的矛盾交织起来的，明明都看到了结局，却还要等待时间来证明一切。

但是最终还是要踏上接下来的旅途，青春本身就有很多不同的路口，活在不同的境地，面对不同的风景，感受不同的心境，生命才变得如此丰富，虽然这一刻，心灵依然是逃不开的迷茫、敏感和脆弱，但毕竟每个人都要走过。

寻找每一个生命驿站的方向和出口，这是自然天成，也是心意使然。只是，人生啊，总是有很多的不容易，但他知道自己仍要不断追逐，就算接下来有可能是一场痛苦的旅程，仍不忘前行！

其实，每一个青春都分为不同的阶段，而每一段青春，所要走的路都是不一样的，就像不同的年龄，要做不同的事情一样，青春也是在不停地成长中，心智在不停地变换。而每一次成长，都会经过不同的路口，做出那个什么生命段落中，我们应该选择的生活。

其实，青春就是这样，是走过一个路口、接着走过下一个路口的瞎折腾，欢笑过，痛苦过，疯狂过，摔惨过，玩过票，碰过壁……折腾累了，才发现自己不再是原来的自己，也许多了几分世故，也许多了几分沉稳，又也许多了几分历练……可是不管怎样，在这有失有得的青春里，我们却从不后悔，也并不埋怨，因为不在青春的路口"打转"，我们可能永远都不知道"原地"在哪里。

2. 原来，眼泪是如此的苍白无力

小时候，跌倒了，看看身边有没有人，有就哭，没有就爬起来；长大后，遇到烦恼，看看身边有没有人，有就爬起来，没有就哭。因为我们长大了，所以懂得了压抑自己内心的真实感受，知道有时眼泪是如此的苍白无力，于是便不再放声大哭放声大笑，什么都只是很冷静地点到为止。故此，在青春中长大的我们，就算忧伤，也不会让眼泪滑落。

每一段青春的成长，总会伴随着疼痛。

小时候，跌倒了，看看身边有没有人，有就哭，没有就爬起来；长大后，遇到烦恼，看看身边有没有人，有就爬起来，没有就哭。

因为我们长大了，所以懂得了压抑自己内心的真实感受，知道有时眼泪是如此的苍白无力，于是便不再放声大哭、放声大笑，什么都只是点到为止。于是，在青春中长大的我们，就算忧伤，也终于不会再让眼泪滑落。

我们知道，青春的脚步，从来不会因为我们的害怕，而放弃追逐。所以，我们只能向前，即便悲伤、哪怕绝望。

已经走过的十几年的岁月，说长不长，说短不短。曾经，为别人流过泪，也让别人为自己流过泪。在那些无数次出现的梦里，在那慢慢流过脸颊的泪水里，我们仿佛回忆起了当年憧憬过无数次的理想，但终究还是在现实汹涌澎湃的冲击下，一点点地消磨殆尽了。或许有一天，回忆起过去的点点滴滴，和那些此去经年仍不能忘记的旧日时光，还是会感伤……但是，当有一天我们真的成熟了，我们哭着哭着就笑了，念着念着就释怀了。那些耿耿于怀的事，那些念念不忘的人，就在这念与不念之间淡淡地忘却了。

青春有的时候就是这样，有一天会突然发现，眼泪其实并不是解决问题的办法，所以，不如勇敢地拭去眼角的泪水，让我们微笑面对，走一步说一步。

那年，如花16岁，有着淳朴而倔强的个性，绘画是她最大的爱好。一直生活在农村的她，不甘心一辈子就这样生活下去，于是下决心走出家乡，到外面的世界去看一看。

初中毕业那年，如花报考了县城的艺术学院。那时她的老师希望她考重点高中，为此，老师很为她感到惋惜，但如花不后悔，她只想做自己喜欢做的事情，那时的她也许是太年轻，还没有想到以后的人生会遇到什么事情。

报考艺术学校需要面试，如花怀着忐忑不安的心踏上了去往县城的路。考试开始时，她心里还是有一点紧张，因为她知道，初试的成绩直接决定着能否踏进艺术学院的大门，但是后来她慢慢告诉自己，一定要自信，这些年在村里的艺术班学绘画，也参加过很多的绘画比赛，她相信自己有良好的心理素质去应对。从考场上下来，虽然还是有几分担心，但是如花还是不忘记给自己鼓劲，一定会考上的，一定会的。

初试结果很快就下来了，如花名落孙山，失去了复试的机会。看到结果的那一刻，她泣不成声。在与妈妈通电话的时候，已经哽咽地说不出话来，她知道妈妈心里也很难受，可妈妈爱莫能助。

后来，如花听一些知情人说，其实她的初试成绩很不错，完全可以进入复试，可是因为当时参加复试的其他几个学生后台都比较硬，院校方面不敢得罪，校长也不好办，所以，只能把她这个没有来路的名额顶下去了。十六岁的如花，想不到现实居然真的如此残酷，她再一次流下了无助的泪水。

很快，如花得到一个消息，县城商务中专招生。她卯着劲儿一定要考上，生活需要靠自己改变，命运需要靠自己把握，眼泪在现实面前是苍白的。她咬着牙报考了商务中专。

这次考试没有让如花失望，她以优异的成绩在这次考试中名列第一。正当她打算到商专报道的时候，忽然意外地收到了艺术学院的通知书，说是初试的成绩不错，校长答应让她参加复试。其实一开始她不太愿意去，因为之前一直对内部的"潜规则"深恶痛绝，但后来一想，干脆就试试呗。于是如花把这一切统统放在一边，开始了参加复试的准备。每天，她待在闷热的不足十平方米的小屋里画画，汗水浸透了衣服，她就湿了一身换一身。那段时间，青春年少的如花突然开始明白了活着的艰辛。

很快到了复试，复试要到很远的省会参加，很多家长都要陪着孩子一起去，妈妈也不放心如花，说一个女孩子出那么远的门，她很不安心。可是年少的如花却很倔强，她不由地对妈妈说："我已经不是小孩子了，给我一个独立锻炼的机会。"爸爸妈妈看着她，露出了欣慰的笑容。

功夫不负有心人，终于，如花如愿以偿，复试以第一名的优异成绩考入了省会重点艺校。接到录取通知书时，父母流出了激动的泪水。

如花终于明白，青春不相信眼泪，她知道，这就是人生，她必须勇敢面对。

成长的蜕变，总有逃不开的疼痛。忽然有一天，我们发现青春不再是单纯清澈的色彩，生活开始有了几分伤感，人生开始多了几分无奈。然而青春的脚步不会因为怕疼而停止，我们就在这凛冽的狂风中，颠颠簸簸，一程程走过，在迷茫与焦虑的边沿去感受着每一步青春的体验。就算摔得浑身是伤也不会流泪，因为生活不相信眼泪，更不相信脆弱的心灵，而我们只有把自己深深隐藏起来，才能在蛰伏中感受青春的力量。

青春是人生的一条必经之路，因为这个年龄段所特有的敏感，所以，从不成熟到成熟的变化，总会经历一些难以适应的痛苦。于是，当我们内心的愿望与现实无法达成一致时，便有了那走不完的伤，流不完的泪，在泪流干了以后，又发现无人能读懂自己。曾经的心痛，艰难的坚持，心又是何等的困惑，我还是以前的我，却发现在现实面前，内心变得很狼狈。

那些无可奈何的徘徊，是因为我们被圈定在既定的人生轨迹上，梦想很美也很遥远。压抑的时候人难免会流泪，可是擦干眼泪时我们发现，藏住了眼泪却藏不住泪痕。青春是一条不知流向哪里的河，匆匆经过两岸的风景，不小心的时候也会被河中的石头羁绊而激起点点水花，回望着涓涓溪流，患得患失之间想起了一句诗：两岸猿声啼不住，轻舟已过万重山。是呀，走过青春后才发现，尽管两岸的猿声不断啼叫，可不管是喜是悲，我们在不知不觉之中早已度过了万重之山。

在这片充满纯真与幻想的青春圣地，布满了在眼泪的冲击下形成两道河岸，每一次的选择与成长，都伴随着落泪，都是无法承受的生命之重。但是生活不相信眼泪，因为眼泪总是如此的苍白无力，不能将曾经的错与失败挽回。现实留给我们最大的忠告，就是遇到事情理智地面对，冷静地处理，而不是一滴眼泪就能化解的。

告别青春的迷茫，所有的痛还要面对。生活不需要眼泪，只需要收拾起沉重的负累，让明天继续飞翔！

3. 开始，学会掩饰单纯

当我们都不再单纯的时候，当我们开始掩饰自己的时候，尽管有些不适应，我们知道我们长大了，我们必须试着做一个大人该做的事情。这并不代表我们的本质发生了改变，只不过我们懂得了控制自己的情绪，懂得了自己独自去面对和担当。但是我们仍不会对身边的人心存芥蒂，我们仍会轻松地看待生活。因为我们知道，唯有信任和真诚，才是属于青春的色彩。

还记得青春年少时，每当心情不好时，总想找个人诉说。

后来，一点点长大后，我们不再随意倾诉自己的心声，我们开始掩饰单纯，总觉得还是自己放在心里慢慢沉淀慢慢消化掉吧。

我们开始有了自己的小秘密，不愿意说出来，因为那是只属于心灵的一方沃土，说出来的秘密就不叫秘密了。那时，最可悲的事情就是当我们把心里话告诉自己最好的朋友时，他却当作笑话告诉别人。

我们奇怪别人为什么总是能一眼就看穿我们，因为我们从来不会隐藏自己，从来不会伪装自己，总是一副没心没肺的样子，别人美其名曰"蛋白质"，实质上就是很"白痴"。

可是，成长总能教会我们一些东西，我们知道，生活不需要我们总是"喜形于色"，生活有时更需要我们"不露声色"。因为我们发现淡定与冷静，比浮躁与鲁莽更加有威慑力，虽然很多时候还是按捺不住自己的情绪。

所以，我们开始掩藏自己的单纯，不再随随便便地把自己的真心袒露在别人的面前。于是我们懂得了先察言观色，然后再付诸行动，我们对身边的一切充满了警惕，万一发现危险，必会如刺猬一般，竖起全身的刺来保护自己，或者如变色龙般幻化出不同的色彩来伪装自己。我们之所以学会隐藏，就是害怕被无情地伤害。

大卫在国外留学多年。每次回国见到久别重逢的朋友们，都会有这样的对白：

"你变了……"

"我其实没变！"

"我不喜欢这么不真的你！"

也许，大家都发现了他的改变，留意到他发自内心的笑越来越少了，感觉到从前那个率性而为的他早已销声匿迹，现在的他在待人处事的方面渐渐"虚伪圆滑"了。

大卫知道，当自己再不是当年的懵懂少年，当纯真成为曾经的过往，当被称作孩子已成为一种奢侈的时候，他已经不再是从前的自己，不得已时开始学会掩饰自己的真心，因为害怕被伤害。那些曾经的单纯和无畏，偶尔会像电影一样在他的头脑中反复播放，但是，彼时的自己却失去了那样纯澈的心境了。因为现实会让自己有太多的顾虑，让自己变得多疑，变得复杂，变得庸俗，却又故作坚强，掩饰着自己最本真的内心。

在大卫看来，成长本就是一件很矛盾的事情，幻想着可以像个孩子般心无城府，因为"孩子"这个称呼太美妙。但是又期待着有一天能真正长成一个大人，能独自承担和面对一切红尘世事。所以，处在成熟与不成熟的边缘，才有了这一代人都会存在的浮躁和迷茫。

因为，总有那么一天大家会突然发现，原以为纯洁的东西，在此刻的眼中开始变得模糊不清。那些自以为坚不可摧的情谊也开始有了裂缝，因为人在慢慢长大后，都会在欲望的驱使下变得唯利是图，即使并不是要刻意伤害对方，但是也还是做了伤害彼此情感的事情。

所以，大卫开始渐渐变得不再轻信别人，变得善于掩饰自我，以至于慢慢都成了一种习惯，就像谎话一样，听得多了，分不清楚了，也就信以为真了。不管怎样，有些东西，一旦有了芥蒂，即使细微，也可以被慢慢放大。当他开始发现很多事情不再那么单纯的时候，心底便筑起了一道高高的墙，信任也一步步地瓦解。

心里疼痛的感觉，让双眼的视线更加不清晰了。原本以为有些东西可以装作视而不见，有些事情可以当作从未发生，那样就会睁一只眼闭一只眼地继续着简单无忧的生活。然而就从某些东西出现裂痕的那一刻开始，大卫觉得自己的心已经不可能继续单纯了。

有时候，我们会发现，一直以来交往的朋友，突然之间变得陌生。身在青春的大卫，一直以来都相信着身边的人和事，所以才能开心地生活，才能轻易地找到让心灵快乐的方式。可是，偶尔一次不经意间的生疏，致使朋友之间产生了太大的隔阂，很多事情就此悄然地开始改变。

于是，大卫不得不掩饰自己的单纯，不得不改变自己来适应环境。

所以，走过青春的他在成长的过程中，总是会听到人们的声音说"你变了"。大卫之所以改变了处事的方式，改变了对人的态度，那是因为世事的历练让他成熟了。尽管多了几分圆滑，多了一些讨巧，可是壳子再怎么变，他依然还是自己，还是那个善良率性的自己。

只要时刻牢记这一点，就够了。

大卫觉得自己现在努力要做的就是，再过十年后大家见到他时，会对他说"你没变"，还是那么的真诚可爱。

尤其是看着刚毕业时自己做的海报——"青春散场了"，大卫不由得心生感激：不管大学经历了怎样的挫败与打击，自己确实是在不知不觉中长大了，收获了。青春逝去时总会有一些东西沉淀下来——就像曾经口无遮拦的单纯，就像现在迫不得已的掩饰，人生都应该笑着去面对。在青春的记忆里，每一抹笑、每一滴泪都是人生的财富。

不要把抱怨洒给青春，青春就那么几年而已，无论是曾经的纯真无邪，还是现在的圆滑讨巧，都是青春成长过程中最自然的状态，没有绝对的好与坏，更没有所谓的对与错，每个人都应该坦然接受。

八十年代的大街小巷，都在传唱一首童安格的《其实你不懂我的心》，歌词是这样的："你说我像云，捉摸不定，其实你不懂我的心；你说我像梦忽远又忽近，其实你不懂我的心；你说我像谜，总是看不清，其实我永不在乎掩藏真心。"

这首歌娓娓道来的，其实就是我们的心声：我们为了保护自己，刻意掩饰着自己的喜怒哀乐，时而像云，时而像梦，时而又像雾，让人捉摸不透，更让人无法把握。其实，长大后我们便明白，有些时候，太过袒露自己，反倒失去了那种看不清道不明的朦胧美，而适度的掩饰，却能恰到好处地体现自己的含蓄和内敛。人总是要长大，十五岁时刻意口无遮拦，没心没肺，那叫可爱，但是如果二十岁了还是如此，就多少显得有些幼稚了。

当我们都不再单纯的时候，当我们开始掩饰自己的时候，尽管有些不适应，但是我们知道我们长大了，我们必须试着做一个大人该做的事情。但是，这并不代表我们的本质发生了改变，只不过我们懂得了控制自己的情绪，懂得了独自去面对，懂得了担当。但是我们仍不会对身边的人心存芥蒂，我们仍会轻松地看待生活。

因为我们知道，唯有信任和真诚，才是属于青春的色彩。

4. 不再解释，我的世界你不懂

其实，一般情况下，面对被误解，解释不是最好的方式。绕开误解是聪明，消除误解是睿智，淡化误解则是一种境界。不管怎么样，别太把别人的误会当回事，很多事情自然就会烟消云散了。

不谙世事之前，我们面对别人的误会和不理解，会拼了命地去解释。但是，慢慢长大后，我们知道，懂我的人，不必解释，不懂我的人，又何必解释。

因为，走出青春的懵懂之后，我们终于懂得，不是身边的每一个人都会喜欢我们，都能理解我们，对于理解我们的人，自会彼此心意相通，心有灵犀；对于不理解我们的人，再多的解释都没有意义。

真正懂得我们的人，无论我们做出怎样的举动他都能够领会得到我们的用意，并给予适时的鼓励和建议，而对于不懂我们的人，无论怎样去跟他说明，他也还是无法领悟得了我们的心思。

有时候被身边的人误会了，急于解释往往会适得其反，既然他不相信你，你何必还要去解释，就算你已经把事情的来龙去脉都解释清楚了，你也不一定能获得他心里对你的信任。

尤其是在我们这个青春莽撞的年代，每当遇到被误解的时候，甚至当大家都在气头上时，我们都会迫不及待地想要将事情解释清楚。其实，这个时候任何解释都是没有用的，因为对方根本就听不进去。其实，有时话说得太透了并不一定是好事，就让误会我们的人发发脾气吧。等到对方冷静以后，我们再做一些解释，也许效果就不一样了。如果那时对方还是无法接受我们的解释，那就让一切顺其自然吧。

只要我们问心无愧，不必再去多解释什么了。有些事情说多了反倒"越描越黑"，只要我们所做的事情无碍于别人，那就大可心底坦然，不用被别人的思想打乱了自己的做事原则。既然别人不听我们的解释，那又何必耿耿于怀，一直把那不愉快的事情放在心上来折磨自己呢？

很多人都喜欢网球女将李娜，她经常说的一句话就是："懂你的人永远都懂你，不懂的你怎么解释也没用。"这是多么豁达的人生境界！

小萌认为，青春里最伤心的事，就是被误解的委屈。

不知道是不是自己做事方法有问题，小萌觉得自己总是被人误解，连最亲密的朋友有时候都觉得很难理解她的一些处事方式，觉得她是一个善变又多疑的人。其实小萌特别希望身边的亲人朋友能理解自己，可为什么，大家总是看不懂自己，所以她内心深处一直又有一种挥之不去的孤独。这可能也是身处青春期的男孩女孩，都会遇到的问题吧？

后来小萌慢慢发现，其实被别人误解了不要紧，最怕的就是自己心虚。本来没有什么事情，但是由于自己顾虑的太多，不懂得如何面对别人的不理解，反而会加深误会，所以，小萌觉得遇到误解，更多的时候就需要自己去坦然以对。

比如前一段时间，班里的很多同学都误解小萌，说她喜欢上一个男生，所以大家经常在背后说他们的坏话，一开始小萌还想着找机会澄清一下。后来，她发现解释没有任何必要，她告诉自己，不必在意别人的目光，试着坦然面对一切，只要问心无愧，清者自清。最后经过一段时间后，同学们发现他们确实没有什么，也就不了了之啦。

所以有的时候实在没必要太在意别人的眼光，太在意了反而会束缚自己，失去了快乐生活的美好心态。很多时候越是解释越会加重误解，不如干脆就用实际行动去消除误解，实际行动往往最能很好说明我们的本质，所以在面对别人的误解时，事实胜于雄辩，既然语言如此苍白无力，那就干脆让事实说话吧。

小时候，面对误解时，我们会流下委屈的泪水。长大后，面对误解时，我们会保持缄默，因为我们懂得了，我们的世界，别人不一定都能看懂，人有时需要活在自己的心里，而不是别人的眼里。

因为我们长大了，我们懂得了，人活着难免要被人误解。面对误解，我们要懂得如何用智慧避免被伤害。面对误解，更不要急于向别人解释。这种过于急促的方法，不但不会讲误解消除，反而会让别人觉得我们是在"自圆其说"。

因为我们长大了，所以我们知道许多误解的产生，是因为对方没有读懂我们真正的用意。所以，我们不可能在很短的时间内改变别人的理解和判断，或者让他们和我们的心意达成一致。清者自清，浊者自浊，走自己的路，不理睬别人的误会，让时间去慢慢证明一切，这才是我们该有的成熟心态。

其实，慢慢长大后我们就会明白，人活着，凡事做到问心无愧就可以了，又何必太在意别人的评价，这不也是一种成熟的标志吗？有些无关痛痒的小事，大可一笑而过，岁月会让清者浊者泾渭分明。但有些涉及原则的问题，需要在一个合适的时间、环境中，以一种委婉的方式方法做一些必要的沟通，还自己一个清白。

其实，一般情况下，面对被误解，解释不是最好的方式。绕开误解是聪明，消除误解是睿智，淡化误解则是一种境界。不管怎么样，别太把别人的误会当回事，很多事情自然就会烟消云散了。

青春，本是花一样的年龄，所以，我们就应该像夜空中的一弯新月，清清朗朗，随意洒下自然静幽的月光，从不解释自己的心事，也不纠结于自己的残缺，心安理得地做着自己应该做的事情……所以，遇事最好别做无谓的解释。

我们不解释，因为青春的灵魂本是悠然安静的，青春的色彩本是自然明媚的。在这个世界上，颠倒是非的事情不是不存在，如果真的遇上了，再怎么解释也没有用。有时，做人不是靠宣言而是靠行动的，喜欢解释自己的人，有时往往不是太过幼稚，就是太缺乏自信。而诚实豁达、光明磊落的人，因为心灵的纯净无邪，自然会活得坦坦荡荡。

真的，你想想，山不解释自己的雄伟，并不影响它巍峨耸立；水不解释自己的清澈，并不影响它潺潺畅流；天不解释自己的高远，并不影响它浩瀚无边；树不解释自己的青翠，却没有谁能取代它繁茂的生命……那么，我们的青春，就更不需要无谓的解释了。

5. 有些事，已不欲与人说

青春的成长，本身就是破茧成蝶的过程，挣扎着褪掉所有的青涩和懵懂，在阳光下舒展轻盈优雅的翅膀。这一切需要我们用一种"不欲与人说"的独立性去完成，这是我们走向成熟的必经之路。

青春里的我们，好像已经习惯了依赖。

还记不记得在每年迎接新生的大学校园里，庞大的家长护送团是一道最夺目的风景线。拥挤的校门口，妈妈拎着大包小包、爸爸背着铺盖卷；报名地点，父母更是忙着帮我们报名缴费；宿舍里，父母又开始张罗帮我们整理床铺。那时的我们，只要一想到要离开父母独自生活，就会禁不住泪流满面，于是父母围坐在身边不断地安慰我们：孩子听话，没有我们在你身边，你要照顾好自己，要学会独立面对生活的难题。

成长的蜕变，本身就充满了逃不开的疼痛。就在昨天，我们还在父母亲人的呵护下过着无忧无虑的生活，而今天，我们却突然站在了现实刺眼的阳光下，迫不得已地接受着成长摆在眼前的每一道人生命题。就像是一直以来必须要完成的课堂作业一样，我们试图给自己的青春寻找一个完整的答案，所以，我们必须改变，必须学会坚强与独立。

是的，一夜之间，我们就真的长大了，我们不能再像从前一般总是习惯于依赖别人，有些事，已学会默默放在心里，不欲与人说。

听说在韩国，青少年独立思维意识都比较早，一般在十五岁以后，他们就已经明白自己以后该过什么样的生活了。他们遇事一般不会过于依赖自己的家人，而是习惯于通过自己的努力去解决。韩国想当明星的年轻人特别多，他们大多数从十四岁就开始进入训练阶段，争取提前出道，早日成名。

在美国，一个男孩十岁时已经加入棒球队，十三岁之前已经精通两种乐器，十五岁便有了自己的个人演出，十九岁时首度发行个人专辑，在美国乐坛排行榜高居第二位。

不管国外国内，这些拥有靓丽青春的人，他们都有一个共同的特点：独立。一段青春的成熟，最大的特点就是能够独立思考，独立应对。还记得年少时，我们遇到事情时总是习惯于向身边的人倾诉和求助，但是走过青春的我们终于懂得了，有事情，已不欲与人说，与其花时间等待别人的帮助，不如自己想办法去解决。

看国外的影视剧可以发现，凡是睿智的父母，会把每一个孩子都看成一个独立的人，并充分地给予他们独立的思维空间和选择权利，而不是随便大包大揽地帮他们解决所有的问题。而我们，在踏上社会以前，一直是被父母呵护在翅膀底下的懵懂小孩。

所以，"不欲与人说"的青春，其实正是一种蜕变后的成熟。

小时候，刘月是家里的小太阳，是父母的掌上明珠，只要她想要的东西，父母都会满足她，一直以来，她都缺乏一种遇事独立担当和面对的能力。刘月真正开窍，是在 20 岁以后，那时她突然知道了自己想要什么样的人生，这样的开窍，似乎来得有些晚。但是有了方向之后，她开始深刻地认识到，只有自己把握之下的青春才能真正属于自己，靠别人的帮助得来的幸福不会长久，也不会有真正的满足感。

直到刘月的生命中出现了两个女孩，她的青春才开始了真正的蜕变。

第一个女孩是刘月的一个高中同学。那天是她的生日，她和室友们聚在一家餐厅吃饭，席间，大家都聊到了自己的高中母校。当刘月说起自己的母校时，一直在身边默默不语的一位服务员突然对她说："不会吧，我也是这个学校的，我们是校友啊！"那天也许是喝了一点酒的缘故，借着酒劲，刘月开始倾吐对母校的种种不满。

她跟室友们说："我就知道我的母校培养不出真正的人才来，我的很多朋友，现在不是清华的，就是北大的，不像我，读了一所三流的大学，再看我这位小校友，现在也只能当个服务员，也难怪，从我们那种学校出来的人，能有什么出息。"

听了她的话，这位做服务员的校友有些不高兴了，"我们学校怎么了？当服务员也不是什么丢人的事，我们家穷，高中毕业那年我的父母双双下岗，为了不让父母为难，我主动提出不参加高考，出来打工赚钱。这些年来，无论在外面吃多少苦，我都不会告诉父母，我知道我长大了，有些事已不欲与人说，我必须独自去担当和面对。"

听了女孩的一番自述，刘月陷入了沉思中……

第二个女孩是刘月的一个同事，一个温和低调的女孩。从美国留学归来的她，进入这家带有国企成分的小公司工作。现在的海归满天飞，也不稀罕，所以，很多人认为，能进到一家国企小公司工作也算不错了。

女孩是个很简单的人，按时上下班，绝不迟到早退。和同事相处也很随和，人缘极好。她有着北京人特有的幽默，走到哪儿都能给大家带来笑声。她的衣着很普通，每当谈起自己的留学经历也常常自嘲，不学无术。她从来不和身边的人抱怨生活的不易和压力，眼神里总是透露着一股特立独行的坚韧。

有一天，女孩忽然告诉大家她很快要离开公司了，大家都觉得恋恋不舍，纷纷挽留她，她微笑不语。在她走的那天，刘月和同事送她出门时，意外地发现来接她的是一位开着宝马车的中年人，她微笑着向大家介绍说这是他的父亲，一些眼尖的人都认了出来，眼前这位中年人，是这个城市有名的一位企业家。所有的人当时都被震住了……

再后来，从上司的口里才知道，女孩父母早就给她在广州买了别墅，也早打算让她代替父亲接手家里的企业，但是这个个性独立的女孩却坚决不肯在父母的安排下做庸碌无为的富二代。

直到今天，谈到女孩，大家还是惊叹于他的特立独行。

两个女孩的经历，让刘月看到：无论她们是贫穷的，还是富有的，都一样地有着独立的生活态度。青春年代，还有什么比这个更重要呢？

青春的成长，本身就是破茧成蝶的过程，挣扎着褪掉所有的青涩和懵懂，在阳光下舒展轻盈优雅的翅膀。这一切需要我们用一种"不欲与人说"的独立性去完成，这是我们走向成熟的必经之路。我们的青春就像树的成长一样，当我们还是一颗小幼苗的时候，只有依靠外界的呵护才能生存，但随着一天天渐长成熟，终究要独自担当雨打风吹。

网球运动员李娜曾经对全世界说："我只是一名网球运动员，比赛并不是为了国家。"仔细分析这句话，的确很有深意，这并不是说明李娜不爱国，而是从另一个角度证明一个人拥有独立的人格是多么的重要。

青春走到某一段路口，忽然发现，我们已经不再是那个遇事只会找人诉苦的孩子了。现在，所有的一切事情都得自己动脑、动手去完成，并且还要时刻提醒自己，现在你需要一个人独立去担当。

第五章

我们的青春，在迷茫中呐喊

1. 看不到未来的不安全感，滋长着

今天，我们都在寻找不安青春的出口，却不曾想过，青春的本质并非安定。人们总说青春的可贵，在于拥有春天一样的活力，他就应该在不安中寻找激情和斗志，他经得起折腾的资本，本身就是我们未来的筹码。

走过青春的这几年，我们的内心总会经历许多莫名的不安。不知道为什么，一夜之间，我们开始感觉到，似乎一切都是那么的不安，不安的未来，不安的人群，不安的情感，不安的生活，不安的我们的青春。

是的，青春里的我们，有过很多复杂的情绪，迷茫过、失意过、颓废过、兴奋过、爱过、苦过、恨过，悔过，失落、惆怅、敏感、无奈、执着……这些感受，都曾经交织着在我们的青春里更替出现。

其实这一切，源于我们内心的不安。我不安，我在等待中不安，我在狂躁中不安，我在忧虑中不安，我甚至在幸福中不安。

青春，本是一段闪耀着阳光的岁月，没有什么可以夺去它的色彩，因为青春这两个字里面包含着很多美好的梦想和憧憬。可是就在这最灿烂的时光里，我们却因为不知所措的焦虑不安，使得我们的青春无处安放。

于是，对于无法预知的未来，不安的心里有了很多个被我们假设了无数次的"如果"。明知道没有如果，可是还是会经常想如果这样会怎么样？如果不把感情看得很重，未来活得会不会更潇洒；

如果没有那么多割舍不下的东西，是不是就可以更果断；如果多创造一些机会，是不是会更有前途；如果我换一种活法，前路是不是就会有不一样的风景……一个又一个"如果"，让我们内心那种不安感，不断地滋长。我们明知自己无法预知未来，可又无法停止焦虑。

我们不安，是因为曾经的我们忽视了太多美好的东西。在本该奋斗的年华里，我们忘了当初的信誓旦旦，肆意地挥霍着本该属于我们的绝美年华。当有一天突然发现现实一下子跳了出来，横在眼前，让我们不得已必须去面对的时候，才发现我们把青春过得一无所有，在青春的时光里晃悠了这么多年，我们到底在做些什么，又得到了什么，回头想想真的努力了吗？

或许，我们的不安隐隐来源于心灵的空虚感，在这个充满困惑的年岁里，我们带着迷茫和不知所措，心里有满满的依恋，却不知道自己到底想要什么，总是一厢情愿地以为，只要我们愿意，什么都可以得到，全世界都应该是我的。可是，忽然有一天，或许在很多个明天以后，再回首，我们发现，人生并不会随着我们自己的意愿而旋转，未来并不在我们自己的意识把握中。于是，我们终于明白，年少的我们是多么不安，为了让今天变成幸福的明天，让明天在回忆中有一段充满微笑的美好往事，我们都开始了关于未来的思考。

其实，上帝给了我们一颗不安的心，是为了让我们在更多的危机感中觉醒，预备过好下一段青春时光。所以，即使面对一片未知的明天，我们也要相信下一站青春，也许会更好……

说起青春的不安感，平遥想起了自己第一次远离家乡的感觉。

那一年，刚刚高中毕业的平遥，忽然有了一种离开家出去闯荡的冲动。于是，不顾父母的反对，收拾好离家的必需品，他怀揣着一颗跳动不安的心，一个人踏上了去往北京的陌生之旅，抑或是不明确的希望之旅。总之，他觉得自己的青春应该疯狂一回了。

没有家人的呵护，也没有同学朋友的陪伴，平遥独自走上了通往未知的异乡路。

不记得坐了多久的火车，总之迷迷糊糊地下了车。就在他的脚从火车上下来，踏在北京的路上时，忽然就有了青春里的第一缕不安感。看着陌生的城市和人群，摸摸自己的脑门，心里有一些惶恐。但是，平遥告诉自己，我是个男人，我必须勇敢地面对自己的选择，路还没走，怎么可以就此退缩，于是他抓了抓头发，清醒了许多。

接下来的几天里，平遥像个孤魂野鬼一样游荡在陌生的城市，看着陌生的脸，走过陌生的街道，一切都不是自己脑海中所描绘的世界。那天，他像往常一样出去找工作，连日来的劳碌奔波让他身心俱疲，再加上身上带的钱所剩无几，以及食不果腹的饥饿，让他整个人变得昏昏沉沉的。刚过十字路口，可能是因为他走得太慢，一辆汽车的尖锐喇叭声让他的心悬在了嗓子眼，他当时脑袋"嗡"的一声，差点就葬身车下。那一刻，平遥心中忽然有了更加强烈的不安感，并在他十九岁的心里渐渐泛滥开来，他不知道自己该何去何从。

但是，现实不容他多想，于是他只得随着人流缓慢前进，徘徊在陌生的街口，感受着与这个城市的格格不入。抬头望天，北京的天空永远都蒙着那么一层阴暗的颜色。平遥开始后悔，不该那样挥霍曾经的青春，以至于给现在的自己带来那么多不安的因素，更不该这么冲动地一个人跑出来，过着一种不知所措的生活。他开始害怕，莫名的沉重感压得他喘不过气来。他忽然觉得自己真的需要重新安排青春，重新开始崭新的人生了。

那天，找工作再一次碰壁后，他独自在街头游荡了一天，一直逛到天开始暗了下去，路灯也紧接着亮了起来。街上的霓虹灯绚烂无比，而平遥此时却只能默默地蹲坐在街道的角落里。街上偶尔一阵汽车疾驰而过的声音，都会让他害怕地抱紧膝盖。他心里很不安，害怕被自己还不了解的世界所迷惑，然后被一点一点慢慢吞噬，直到体无完肤。

他开始郁闷，为什么想象之中的美丽城市没有一丝温暖熟悉的感觉，他以为那里寄托着自己的希望，没想到当青春开始躁动时，只留一丝不安独自落幕？

不知不觉中，现实的强光刺痛了他的双眼，他下意识地抬起头，告诉自己：天亮了，应该收拾起所有的不安，迈开脚步走向未来，去寻找可以安放的青春了……

其实，站在青春的十字路口，我们以"蚁族"的状态生活着。这些年，我们一点点体会着青春无处安放的苦恼，不是没有人帮助我们，只是我们总感觉没有一双手可以牵得住，似乎有很多梦想可以帮助我们延展出美好的未来，可是却一直没有找到一个明确的方向。那是一种迷惑，一种担忧，一种焦虑，身边充斥着各种喧嚣，大街上人来人往，形形色色的人们过着属于自己的生活，我们却无助地站在路口，寻觅着未来的栖身之所。

或者为了理想，或者为了生存，千千万万的我们涌进社会，"蚁族"成为我们共同的姓名。我们渺小，似海里的一滴水，沙漠中的一粒沙，无人关注无人顾暇；我们数量庞大，族群里的同伴们去去回回，放眼望去，黑压压的身影无边无际；我们群居，微薄的收入让我们只能求得一处落脚之地，连蜗居都难以企及；我们忙碌，为了生存，为了独立，为了在这个广阔却拥挤的世界里打拼出自己的一片天地。

今天，我们都在寻找不安青春的出口，却不曾想过，青春的本质并非安定。人们总说青春的可贵，在于拥有春天一样的活力，他就应该在不安中寻找激情和斗志，他经得起折腾的资本，本身就是我们未来的筹码。因此青春应该是不确定与不安定的，应该是多姿多彩的，无论是追忆过去还是面对未来，青春的状态都应该在路上。

青春的色彩本该是鲜活亮丽的，我们未来的道路还很远很长，自己的青春不急于安放。人生百年，路漫漫其修远兮，过去的往事已成定局，但谁都无法预言未来。青春本该是为梦而飞的时候，不要让它无处安放，而真正的青春，不管放在什么位置上，它都能发光发亮。

2. 孤独，是不是青春最真实的呐喊

因为，青春承载着稚嫩的理想，但是又直面着世事的无常，这种理想和现实的落差，让我们不得已地体验着这个年龄都会有的孤独。蓦然回首间，用现在的眼睛去窥视过往的青春时，才发现，那确实存在过的孤独，是环绕在成长路上的一层层绚烂光芒，因为有了这层光芒，我们的青春才多了一份沉稳的积淀。

阿桑在歌曲《叶子》里唱到："孤单，是一个人的狂欢，狂欢，是一群人的孤单，我也渐渐地遗忘，当时是怎样有人陪伴，我一个人吃饭，旅行，到处走走停停，也一个人看书，写信，自己对话谈心，只是心又飘到了哪里，就连自己看也看不清。"

带着淡淡忧伤的歌词，道出了青春里的种种孤独。其实，青春是不应该寂寞的，但青春又不能够避免寂寞。

我们因为梦想的落差而寂寞，因为情感的失意而寂寞，因为不被理解的委屈而寂寞，因为迷茫的前途而寂寞，因为内心的叛逆而寂寞，因为朋友的背叛而寂寞，因为现实的无奈而寂寞……

青春是寂寞的。无论我们笑得多甜，聊得多么海阔天空，也总会在某个独处的时候感到内心的落寞与孤寂，总会在某个无人的夜晚感到莫名的无助。热闹属于世界，而我们那颗被欢笑掩饰的心灵，

却总是无法停止寂寥。青春里的这份沮丧，也许是因为希望太高，或者是奢望太多，所以我们总是在期待之后被排山倒海的落寞与失望填满，就像那划过夜空的流星，美好的瞬间稍纵即逝。

于是，我们内心深处总是有那么一张细密封闭的网，将自己最隐秘的灵魂与外界隔绝起来。正是因为这种向往孤独的决绝，让我们不断憧憬着进入自己营造的完美世界，而多了一份想要远离这个纷繁世界的叛逆，所以，人们总是会看到我们偶尔在人群中孤僻而娴静地伫立着。

青春的孤独，是一种成长的必然，带着几分酸楚，期待着被理解、被读懂。可是当别人无法窥见我们内心真实的感受时，我们总是很伤心，钻牛角尖地问自己："为什么我用尽全力去爱别人，可是别人却无法感受到我的良苦用心？为什么我的每一次付出，别人有时候就是视而不见？为什么他们只看到我的叛逆，却看不到我叛逆背后的渴望与孤独？"无数个为什么，如蛛网般交织于心，凌乱了原本就孤寂无助的青春。

于是渐渐地，我们不再把心事挂在嘴上，而是深深藏在心里。我们渴望着有一双眼睛，能看懂我们心底最真的呐喊，能读懂我们眼中的每一个失意，能洞悉我们灵魂中最美丽的坚持。可是，没有谁能真正看懂谁，没有谁能真正了解谁，于是青春里的我们终于明白：谁的青春不孤独，谁的青春不寂寥，孤独是青春最真实的呐喊。

那些年，在那颗还不够强大的内心深处，我们都是这样怀揣着莫名的孤独走过来的。现在想来，这原本就是成长必经的一种状态，也不失为一种美好的体验！

雅尼觉得自己的青春，是在孤独中开始的。他常常在想，是不是孤独也会遗传？在儿时的记忆里，奶奶就是一个喜欢孤独的人，她没有朋友，不喜欢和别人聊天，在北方寒冷的窑洞里，她总是微笑着坐在油灯下为全家老少做过冬的棉鞋。雅尼的爸爸也是一个孤独人，在他年少时，爸爸是村里的支部书记，本应该有很多朋友的，可是雅尼从来没有见过爸爸的同事来过家里，爸爸回到家最喜欢做的事情就是一个人捧着一本书，静静地阅读。

雅尼也是一个喜欢独往独来的人，从来不知道什么叫孤独，他喜欢享受这种带一点"文艺感"的孤独，总之就是不喜欢人多热闹的环境。妈妈说，他很小的时候就喜欢一个人玩，上学后也不喜欢和同学们扎堆儿，放学后总是一个人背着书包慢慢悠悠地回家。而他最喜欢做的事情，就是看书。在青春的记忆里，只要有书就没有寂寞。

真是什么人什么命，大学毕业后，雅尼留校做了老师，他很喜欢这个职业，因为这个职业可以一边读书一边孤独着。除了平时上下课，他大部分的时间都是在看书，爬格子。倚窗伴着明月孤灯，手中一盏清茶，这种日子真是太美了。诚然，无论什么职业，都离不开社交集体活动，而这些社交活动并不是雅尼想要的生活。每次一番喧闹后他特别期待着回到独处的时光，感受那种只有自己与岁月耳鬓厮磨的妙不可言的感觉！

前一段时间雅尼参加了一次集体旅游，是在被领导和同事苦口婆心的劝说下去参加的。坐在旅游大巴上，一路青山绿水、杨柳拂堤、小桥流水，让人心旷神怡。只是身边坐着领导同事，自顾自地欣赏车窗外的风景也不好，于是雅尼一边有一句没一句地和他们聊天，一边感叹着就此错过了沿途美丽的风光。

下午大家都闹着要出去烧烤，他却悄悄地沿着屋后的小路走到了一片草丛中。眼前，初春的晚风中，稻田一片蛙声，远村炊烟袅袅，与归鸟相映成趣，脚下的泥土散发出淡淡的幽香……一切都让人感觉舒服极了。雅尼静静地坐了下来，心无旁骛地享受着这份孤独，这份一直以来被隐藏的孤独。

脚前几束野花在微风中轻轻地摇着小脑袋，一只蝴蝶飞来在他耳边欢舞。前方不远处一小截江南风格的青砖墙，旖旎在一片绿树掩映中，散发着寂寥、空灵的味道。放眼望去，几抹晚霞映在天边，一缕夕晖带着金黄色的光晕淡淡敷在草地上。

刹那间，一种无可比拟的静谧感和温暖感，如潮水一般将他包围。那一刻，他觉得自己简直是这个世界上最幸福、最满足的人，一切城市的喧嚣，马上从青春的生命里隐退。

他喜欢这样的孤独，也正是这种孤独，让他觉得自己的青春变得不再浮躁不安，而有了更多思考的空间。

蓦然回首间，用现在的眼睛去窥视过往的青春时，才发现，那确实存在过的孤独，是环绕在成长路上的一层层绚烂光芒，因为有了这层光芒，我们的青春才多了一份沉稳的积淀。

这是一个浮华，喧嚣，熙攘的世界，正因为这样，我们青春的心灵才需要营造一个孤独流离的世界，让我们在这似水年华中，亦能够清醒冷静地面对世界的纷繁搅扰。我们轻舞飞扬的青春，需要波澜壮阔，需要流光溢彩，但是更需要一种真实的孤独，去慢慢地累积自己厚重的人生阅历。

当然，青春的孤寂并不是与世隔绝，也不是孤芳自赏，而是一种生命的蛰伏与成长，这样的我们，就算在暗夜里独自落泪，也是那般的灿烂，那般的可爱！

因为，青春承载着稚嫩的理想，但是又直面着世事的无常，这种理想和现实的落差，让我们不得已体验着这个年龄都会有的孤独。经历波折的漫漫人生路，因为我们青春蓬勃的心，却依然可以踏着轻快的步伐，一路边走边唱地走下去，毕竟我们都不是孩子了，我们清楚地知道有些事没有选择，没有退路可言，只能轻轻地告诉自己，我们长大了，必须学会承受生命无法承载之重。毕竟生活不是一步步走出来的，谁都无法一眼看穿。

那些年，无论你愿意与否，青春的孤独就在那里存在着，生生的拽着你，拉着你，让你与世界的纷繁复杂格格不入。前面的路还很长，需要一步步去衡量，用心去慢慢体会，去学着用更加成熟的心，在青春的孤独之后，与世间的人和事慢慢地融合……

3. 迷茫的我们，在黑暗中撞破头的青春

不要太在意自己将来会走到什么地方，不用焦虑自己会有多少房子票子，不用担心内心的梦想能否实现。因为想得太多，心灵就会被框桎，成为"迷茫"的奴隶。其实，破解迷茫的良药，便是遇事冷静面对，理智分析，然后"马上行动"。

我们的青春一定有过这样的感觉：突然就陷入一种茫然不知所措的感觉，却又不知道自己该做什么，心中充满恐惧，感觉自己弱小而无助，经不起任何的失败，世界很大，但是却没有我的空间，好像有一只无形的笼子，自己被禁锢其间。这个时候我们特别渴望能在蓦然回首间，发现迷茫的出口，但事实上，我们还是如此的不知所措，这便是"迷茫"。

"迷茫"是青春的一段灰暗时光，也是青春必经的驿站。它仿佛一团乌云一般重重地压在心口，一遍遍砍杀我们对未来的憧憬，描摹加深了我们在青春时光中的寂寞无助。它的出现，让我们还不够强悍坚韧的内心忐忑不安，使平日里对什么都无所谓的我们也会如此手足无措。

青春的迷茫袭来，就像是在一种没有任何设防的情况下忽然掉

落大海，咸涩的海水毫不留情地硬生生地扑进口鼻，冰冷刺骨到让人不敢呼吸，整个身体似乎都要被充斥着压迫感的水流吞噬了。当越来越恐惧时，求生的欲望也越来越强烈，可扑腾半天后才发现不会游泳的自己压根就无能为力，于是迷茫之下只能无可奈何地看向无边无际的大海与不断翻腾的气泡。

青春的未来遥远而无期，于是昨天还对什么都无所谓的我们，突然就钻进思想的牛角尖无法自拔，我们不断地质问自己，"我该选择什么样的生活？我该走什么样的路？我该选择什么样的学校？做这件事有什么意义？只有上大学才能证明我的能力吗？"在青春的路上，我们质问着自己的灵魂，神经质一般撕扯着自己头脑中的每一根思维。如果我们身边的亲人朋友对我们说，"为了将来你应该选择这样的生活"，我们便穷追不舍地问他："为什么？然后呢？""这样的生活可以让你衣食无忧啊。""再然后呢？"看着迷茫的我们，身边那些忠告者大多都会无可奈何地摇头而去，只留我们一个人继续默默地在牛角尖里思考自己到底该做什么。

有人说，青春的"迷茫"是一把无形的刀，它软绵绵地削弱了我们的力量，并悄无声息地夺走了我们对自己的信心。

小宇从小就是一个迷茫而没有梦想的人，如果有人问他最想成为一个什么样的人，或者过什么样的生活，他一般都会回说不知道。但有时也会设想自己的未来，就像语文课堂上的作文《我的梦想》或是《我的理想》之类的。小宇记得当时也曾幻想成为科学家或者是老师，总之没有像那个年龄的数孩子一样，心中存在一个梦想，却又迷茫得不知该如何坚持！

这种带着梦想的迷茫，一直伴随着小宇到了初中。初中时，他转学到了省城上学。起初他被那种陌生的好奇吸引着，直到后来慢慢地适应、习惯了这里的生活之后，便开始萌生出一种淡淡的迷茫：

自己为什么要离开家来到这陌生的城市？以后到底该干什么？这份迷茫伴随着他度过了三年的初中生活！

高一的时候，小宇开始有了很多的梦想，比如，自己曾经想过要当一名考古学家，探秘各种古迹古建筑……但后来一想，做个考古学家必须要有殷实的物质基础，和强健的体魄，可见现在的自己还没有这个实力。于是只能投入学习中，不再做不切实际的幻想。

高二高三两年，小宇的心性发生了很大的变化，隐隐开始懂得了梦想和现实之间的差距，知道很多事情都是"身在红尘，身不由己"。然而青春年少的小宇，生活态度依然是无所谓的样子，因此他的学习成绩一直都赶不上去。那时也很清楚生活的重心就是高考，可是内心依然无法摆脱青春期的迷茫感，这种状态一直持续到高考。

高考的失利，让小宇痛苦了很久，一直以来向往象牙塔生活的他，自然不愿随随便便读个大专学院就把自己的青春打发掉。于是毅然决然地回到学校复读，也许是良心发现吧，整整一年的时间，他"两耳不闻窗外事，一心只读圣贤书"。总以为功夫不负有心人，可是第二年高考，小宇再次名落孙山，这一次，他万念俱灰，人生真的陷入了无法自拔的迷茫中。尽管身边的亲人朋友都在鼓励他，告诉他不一定只有上大学才是人生的出路，生活的精彩有很多种。

可是小宇依然迷茫而无助，不知道自己的未来在哪里。曾以为可以通过考大学找到自己的人生目标，可是这个"梦想"却被自己无奈地搁置了。总以为青春有大把的时间可以挥霍，未来的一切就交给时间去慢慢解决吧，可是这时他却开始怀疑自己的一切决定是否正确，自己的淡然和随性是否正确，也曾试图改变，然而某些已经成为习惯的东西，真的是不能左右了。

现在回头看看自己的青春，总觉得浪费了太多美好的时光，这些年真的不知道自己都在干些什么。没有为某件事而拼命地努力奋斗，没有追求自己认为值得的爱情，没有好好去爱去陪伴那些生命中最爱自己的人，更没有好好享受过青春那种热血沸腾的感觉。现在的小宇，渐渐爱上了一个人听歌的感觉，让那些动人心弦的歌声，触动内心最真实的自己，也许是一种宣泄，也许是一种寂寞，又或是一抹茫然不知所措的无奈。

小宇真希望有一天，那颗迷茫的心不再迷失，去发现真正适合自己的生活。

谁的青春不迷茫？据说马云在高考落榜时也曾经历过一段迷茫期，乔布斯在创建苹果初期也一度陷入企业变革的恐慌中。年轻时偶尔的迷茫是成长的必经之路，因为没有人知道前路中等待自己的到底是什么，只有在黑暗中不断撞破头的尝试，才能让我们渐渐成熟起来。

人生不可能总是按照我们的既定轨迹平稳前进，生活也正是因为这许多的未知而散发出迷人魔力。迷茫是青春的必修课，也许还会与我们的青春朝夕相伴，与其一味逃避不如放空心灵，张开双臂，深呼吸，微笑地看着那些可爱的洪水猛兽慢慢地漫过自己的脚丫，不再沉溺其中，而是轻轻地跟对它说：你好，老朋友！然后默默目送它远去。

不要太在意自己将来会走到什么地方，不用焦虑自己会有多少房子票子，不用担心内心的梦想能否实现。因为想得太多，心灵就会被桎梏，成为"迷茫"的奴隶。其实，破解迷茫的良药，便是遇事冷静面对，理智分析，然后马上行动。

站在青春的十字路口，慢慢回顾自己成长的道路，才发现，这一路走来，有明媚的阳光，也有撩人的月色，青春并没有像周杰伦在《青花瓷》歌词中描述的那样，被无情地打捞，我们的青春故事还在继续上演，那宣纸上晕开的画面，是人生最美的色彩。纵然时有迷茫，但生活留给我们的，还有充满着力量的期待和希望，偶尔风起，还可以吹起如花般美艳的流年，不是吗？

4. 站在十字路口，彷徨到无以应对

谁的青春不彷徨，谁的青春不忧伤。还记得那时的我们，躲进了世界的角落，渴望看到阳光透过，渴望梦想穿越现实照进冰冷的心脏，可是我们却只能默默地看着现实将单纯美好的梦想摧毁，而心灵，也正是在梦想遗落间一天一天地成长起来的。

谁的青春，不曾彷徨？青春就是在千万次的摇摆不定中，慢慢长大的。

在我们的青春里，忘了是从什么时候开始学会烦恼，在得到与失去间边缘寂寥；忘了是从什么时候开始学会伤感，在花开和花谢的季节惆怅；忘了是从什么时候开始学会彷徨，在每一个春去春又回的岁月失意。

因为彷徨，所以总感觉青春的路有时是那么漫长，那些曾经伴随着我们成长的人来了又去，变了又变，熟悉的、陌生的、真情的、假意的、走着走着，最后发现在这条叫做青春生的道路上，其实一直是自己一个人在走着，一个人，在迷茫中成长，在失落中坚强，在落寞中彷徨……

那个时候的彷徨，是因为那颗狂热的心没有人能读懂，那份淡淡的忧伤没有人能洞悉。我们知道没有谁能真正理解谁，但内心却如此渴望被理解，强烈到要把心底的伤痛炸裂，我们的需求、我们的愤慨、我们的呐喊、我们的无助、我们的迷茫、我们的彷徨，我们的哀愁，交汇成一段青春的乐曲，到最后的最后，我们在做的，可能依然还是不知所措的寻求。

谁的青春不彷徨，谁的青春不忧伤。还记得那时的我们，躲进了世界的角落，渴望看到阳光透过，渴望梦想穿越现实照进冰冷的

心脏，可是我们却只能默默地看着现实将单纯美好的梦想摧毁，而心灵，也正是在梦想遗落间一天一天地成长起来的。

常常，心灵会被一种莫名的痛缠绕，比一场突如其来的感冒还要让人猝不及防。一次次跌倒，疼了很多次，却依然没有太强的免疫力，所以我们的心灵才变得叛逆躁动。那时我们眼里的世界，好像充满了忧郁的气息，哪怕是一场大雨降临，一树繁花的凋零，一个朋友的远去，都会让我们感觉，这场青春，来得真疼。

这份青春的忧郁，这种莫名的疼，像一场连绵不断的雨，让整个青春期都显得那么潮湿。那种画面，就像是一个人走在雨巷，撑着油纸伞，正在忧伤无奈时，突然看到撑着油纸伞的女孩，从身边走过，结着淡淡的丁香味道。其实，每一段青春都是这样，伴着忧伤彷徨，却也不时渗透着几分惊奇与喜悦。

是啊，谁的青春不彷徨，谁的青春不忧伤？

梦凡是某师大中文系的学生，所以她一度都喜欢用诗人的感性和心境来总结自己那段彷徨的青春。

她认为自己的青春之所以彷徨，是因为内心总以为，儿时的梦想总有一天会实现；总以为，所有的感情都会有一个圆满的结局；总以为，所有美丽的憧憬都永不褪色。可是走到青春的尾巴上才知道，原来一切都是骗人的。

梦凡在大学的生活一直以来都是这样：歪歪扭扭地背着一个从来都没有洗过的双肩包，凌乱着头发，似乎是为了刻意地透露出一股现代艺术的美；总是带着一个耳机，里面放着的都是无病呻吟的绵绵情歌；失恋之后唯一的处理方式，就是逃课，去满大街游荡，似乎想要用行走来驱散心头的痛苦！她知道这样的方式很颓废，可那又怎样呢，在青春年少的内心深处，寂寞和空虚，就是失意彷徨的症结。

其实，每个人的青春都是这样过来的。梦凡还记得高中时，她曾经踌躇满志地想要考上自己梦想中的学府，可当真正来到梦寐以求的大学校园时，却发现自己的象牙塔生活过得如此消沉。因为在这里，她接触到了更多的人，看到了更多的事，内心也被喧嚣复杂的尘世搅乱了原本的平静。

梦想总是美好的，现实却是残酷的。现实有多残酷，梦想就有多遥远。

有那么一段时间，梦凡发现，原来在自己身边，各方面条件都比她强的人很多，她曾一度莫名的失意，这种自卑打碎了她曾经所有的骄傲，她突然变得彷徨无助，不知道自己该以什么样的方式活着，是该继续活在自己的路上？还是该随着人与事的改变而违心地改变自己的生活？

而且，在这样一个人才济济的学府，人的心很容易变得浮躁，很容易被日益充斥的名利欲望困扰，比如，看着身边的同学深造、考研、外出捞金、为未来铺路、找关系、傍大款、办出国……让梦凡一度平静单纯的心，变得有些不知所措。

那段时间，梦凡最喜欢做的事情，就是在彷徨到无以应对的时候，站在学校操场边的梧桐树下数叶子。那个时候的她，对着一片叶子，便开始了关于青春的遐想。

从嫩绿到翠绿，从翠绿到枯黄，就像是青春的成长。看着它飘落的痕迹，她忽然想起一本叫《生命的曲线》的书来，每一段生命，都会经历一次次的起起落落，在低谷中彷徨，在彷徨中思考，在思考中崛起，在崛起中成熟……

那片叶子，就像是自己的青春，不停地彷徨着又寻觅着，飘过去又飘回来，没有方向没有目的，不知何去何从，没有掌声也没有欢呼，可它还是不能停止飘落，偶尔在风的帮助下慢慢向上翻飞，如果不是这样，或许已经落地了吧，梦凡总是这样想。

在梦凡看来，自己就是这么一片叶子吧，来到这个世上就是为了经过彷徨的青春。不知什么时候，忽然就有了一种无以名状的茫然，不知道曾经的奋斗到底是为了什么，曾经的酸甜苦辣换来的究竟是不是自己想要的生活，更不知道未来的路将向何方延伸。不知道为什么要上课，为什么要学习，为什么要上大学……自己每天所做的事似乎都是一种机械式的行为，青春在不痛不痒中轮回，这难道就是自己想要的生活吗？告别了稚嫩的童年和忙碌的高中，走进了自己梦寐以求的学府，在青春即将告别的时候，在即将迎来成熟之季的时候，突然感到了无以应对的彷徨，难道青春就是在懵懂中开始在迷茫中结束吗？

有一个词叫"角色混乱"，这可能是正值青春的年轻人都会有的感觉吧。不知道自己是谁，来自何方，去往何处，应该过什么样的生活，扮演什么样的角色，深深陷入了一种混沌不清的状态。就像那片叶子一样，茫然地在风中飘零，不知道会落到哪里，最终会变成什么样子。在孤独中迷失了方向。

就像人们说的，青春是本仓促的书，甚至连个主题都没有。

在梦凡看来，岁月如风，向前吹的时候，自己在彷徨，向后吹的时候自己又在悔恨。可是，她还是不希望把一个支离破碎的青春留在未来的回忆里，所以，无论青春如何迷茫与彷徨，她还是要一笑而过。因为，再彷徨的青春，也是人生最美的一抹色彩。

这就是青春，痛并快乐着的青春！

我们彷徨，是因为青春的我们太年轻，还没有很准确地找到自己的方向，就像那片不知何去何从地在风中翻飞的叶子，但至少，它还是留下了飘落的痕迹。我们的青春也是一样，虽然还没有想明白存在的意义，可是却真正体会到了青春的美好与激情。

其实青春，也正在用一种近乎残酷的方式提醒我们：成长，需要我们自己去经历。

站在人生的十字路口，心中彷徨不定，不知该何去何从。但是，经过了漫长的蛰伏，我们终于成长了，不再是小孩，不再抱膝哭泣，因为我们知道眼泪不能解决任何问题。于是那些被狠狠伤过的现实便一次次翻涌而出，只是为了提醒我们：彷徨不如行动，迷茫不如尝试，忐忑不如前进。

时光在远逝，青春在流逝，那些年华一点点上演，然后一幕幕地回放，只是为了告诉我们，青春里的我们，都曾这样走过。在每一次彷徨后，看清楚自己，找准自己的目标，然后一步步走好眼前的路，才不会对逝去的时光后悔！

5. 谁能听到，我心底最真的呐喊？

我们的青春，因为不愿沉沦，不愿磨灭自己的光芒，所以，我们要大声呼唤，大声呐喊，因为我们要为自己的青春做主，因为我们的青春需要疯狂的表达，才能真正舒展开自由的翅膀，展现最真实的自己。

人们总在问，青春是什么？没有人去给青春一个准确定义。青春像什么？也没有人能给青春一个特定的色彩。或许，青春就是一次疯狂的尝试；或许，青春就是一场人生的预演；或许，青春就是一次心底的呐喊。

无论如何，我们正青春。我们要在青春里，呐喊出心底最真的声音。

青春，要的就是一股无畏的疯劲儿，是啊，谁的青春没有疯狂过，就算已经过了十八岁，我们褪去一身的稚气，我们已然穿着大人的衣服招摇过市，可是，我们在时间的年轮里，还是那么留恋青春，总感觉青春似乎来得很晚很晚，去的却太早太早。在有点苦涩有些无奈的岁月里，对青春梦想的渴望和呐喊却一直从未停止过。

青春的我们之所以想要呐喊，是因为年轻就是资本。打了鸡血的我们，为了理想奋斗，就算赢的路上会有非议和嘲笑，可是，在青春的年华里，我们就算受伤，也要呐喊。我们不怕失败，勇往直前，就是为了证明青春里的我们，努力过就够了。正如泰戈尔在诗中说的："天空不留下我的痕迹，但我已飞过。"

青春，是一次疯狂的经历。

青春是一段最富有活力的生命行程。跳跃好动的我们，想哭就哭，想笑就笑，想喊就喊，从来没有什么能阻止我们发自心底的最自然的声音。很多人都把青春这段时光比作一场华丽的旅行，北上感受大漠黄沙的粗犷，南下感受小桥流水的温婉，一路上，我们看过许多人许多事，在青春的时光里感受甜美的爱情，体会收获的喜悦，感受职业的繁花似锦，洞悉生命的丰富多彩。在青春的道路上，我们一边追求，一边呐喊，诉说着自己的心声和需求。

青春，是热血沸腾的正能量。

因为青春，需要的就是这种热血沸腾的感觉，我们是疯狂的一群，浑身有着使不完的劲儿，所以每个正青春的人，都是有奔头的。当我们做着自己认为对的事情时，往往被看作是一群无所事事的"小混混"，仿佛我们整天无所事事。可是，他们不知道，这份无所事事背后其实是煞费苦心的，因为他们看不懂我们，所以我们才有了发自心灵的呐喊。我们要告诉那些不理解我们的人：我们的青春是有奔头的，我们未来的目标也是明确的，的确，我们看起来是在混日子，可是，日子却从不混我们，因为我们的青春，就算有过很多错失，却还是混出了精彩。

每个人都有自己的活法，每一段青春都有不同的色彩，不是吗？

小年是一个喜欢幻想的女孩，还记得很小很小的时候，她就喜欢仰望蓝天，喜欢着那一片干净的纯粹。因为她觉得，青春的颜色，就应该是天空的颜色，直接明朗，就像是打翻了的蓝色墨水瓶晕染开来的颜色，有着最单纯的表达，和最真诚的呐喊，那是心底的最真实想法，是自己一直以来都在坚信的追求。

青春走得太快。夏天的蝉鸣似乎还在耳畔回响，秋天的萧瑟便又再次袭来。似乎一切就发生在昨天，可是却已经成为过往的记忆。走走停停、停停走走，小年突然发现，时间一直都在前进，再不疯狂，自己就真的老了。

还记得上交完最后一张高考考卷后的如释重负；还记得拿到录取通知书后那种几乎晕厥的喜悦；还记得和姐妹们一同进入象牙塔后的欢笑与泪水；还记得第一次踏进大学校门时那份按捺不住的狂喜；还记得第一次坐在阶梯教室里的新奇与激动；还记得第一次和心爱的男生手牵手的心灵悸动……这每一次青春的经历，都会伴随着心底或喜悦，或悲伤，或矛盾，或坚定的声声呐喊。

青春年华的小年，有时是有些叛逆，在别人看来可能是不懂事，可是在懵懂年少的心底，她知道，那是她对于自己还不够了解的现实生活，急于发表自己观点的一种表达方式。其实，她只是想好好地宣泄一下自己，把所有的包袱都在呐喊中扔掉。这个年纪的她可能有些做法会让身边的人无法接受，但是每个年龄段的人都有自己的问题，而青春时自己的烦恼在经历过青春的人的眼里，是很容易被理解的。也许，很多时候人正是缺少这种被理解，所以才有了呐喊的需要！

大三的时候，小年特别喜欢和宿舍楼下看门的大爷聊天。那时，老人没事的时候，就会给小年讲一些过去年代里发生的一些事情。他说他和小年一样，也曾经恋爱过，创业过，失意过，人生大起大落。那个时候的他们，也和现在的小年一样，每每遇到生活的压力和不被人理解的时候，也想要把自己心底最深的痛苦和迫切地希望呐喊出来。但是，尽管如此，老人在说到自己年轻时的事情时，干涸而又空洞的眼神会突然变得明亮，嘴角上扬的微笑使他看上去一下子年轻了很多。晨钟暮鼓，在他们逝去的年华里，虽然有过很多无奈的呐喊，但是只要曾经疯狂过，就是最美丽的精彩。

青春的小年，总是觉得生活给予了自己太多的压力，让心透不过气来。在她们这一代人身上，有太多的责任和无奈，所以才总是向往一种自由的生活，人们都说自己疯癫，可只有她自己才明白心底的呐喊。小年知道，青春期的自己，因内心有太多的烦恼要忘，所以，还是无法真正舒展自己的心声。

青春里，她有着摇旗呐喊的疏狂，是为了释放那些狂躁，那些不安，然后一点点的，将那份"才下眉头却上心头"的烦恼慢慢抛诸脑后……因为青春，一个让人想起来都微微心疼的字眼，总是忽闪着炙热的光芒，尽管有痛苦的呐喊，却也不失欢欣的歌唱。

说来说去，小年觉得自己的青春，是一个寻梦的旅程，在那青草一样的年华里，正是因为枯萎了所有的梦想，所以那埋葬在自己心底里的，是无人知晓的对青春的呐喊。

我们的青春，因为不愿沉沦，因为不愿磨灭自己的光芒，所以，我们要大声呼唤，大声呐喊，因为我们要为自己的青春做主，因为我们的青春需要疯狂的表达，才能真正舒展开自由的翅膀，展现最真实的自己。

人生就像是一场漫长的旅行，青春就是旅行的一个高峰，这个年纪有欢声笑语，也有痛苦泪水，但这都是旅途中最真实的风景，也正因为有了这些，我们的青春，才会美得那么酣畅淋漓，美得那么生动直接。

其实，青春的美，就在于那种发自心灵的真实呐喊。不同的人用不同的方式宣泄着自己的诉求。作家张爱玲透过她的笔触，写下她对青春的渴望；歌手水木年华透过歌声，演绎着他们对青春的留恋。那些不曾遗忘的誓言，那些刻在心底的记忆，所谓的青春，就是霸道地占据着我们人生最美好的时光，擦不掉，抹不去，就算终将逝去，但至少证明我来过，我走过。

所以，青春的岁月里，让我们尽情地呐喊吧，喊出我们的心声，喊出我们的诉求，喊出我们的激情……

6. 青春里的失败，是成功的预热

在青春那些日子里，无法忘却成长的路上，一步步跋涉过的矛盾与挣扎；无法遗忘物换星移的韶华里，为梦想经历过的努力与挫败；无法抚平内心深处最柔软的角落里，那不堪碰触的成长的伤痛。青春给了我们勇气和自由，却也让我们饱尝了努力之后含泪的失败，这是青春在我们身上刻录下的最深的痕迹。

有人说，青春是一道无法言喻的暗伤，弥漫着挫败的空洞感。

在那些日子里，无法忘却成长的路上，一步步跋涉过的矛盾与挣扎；无法遗忘物换星移的韶华里，为梦想经历过的努力与挫败；无法抚平内心深处最柔软的角落里，那不堪碰触的成长的伤痛。青春给了我们勇气和自由，却也让我们饱尝了努力之后含泪的失败，这是青春在我们身上刻录下的最深的痕迹。

也许昨日还在懵懂的梦幻中憧憬着收获的喜悦，今日却只能在失败的落寞中品尝残留的悲伤。在青春流经的河道中，欢乐与悲伤总是相互交织的交响乐，我们知道自己应该忘却该忘却的不快与琐碎，铭记该铭记的欢乐与美好。可是，因为青春的稚嫩，谁也不能分明生命里到底该如何安放失落的悲伤。

还记得在我们青春的时光里，一直都有那么几个关于理想的梦，甚至让如今的我们都无法释怀，那是一份憧憬，那是一种向往，也正是这份追梦的执着，支撑着我们度过了整个喜忧参半的青春。那些年，我们带着理想上路，带着青春一起出发，走在自己认为对的路上。因为正青春，所以我们热血沸腾，我们愿意用自己的青春浇洒那片土地，用我们的热血灌溉那片土地。

可是到头来却发现，梦想一直在路上，现实却还未起航，那些年少无知的梦，早已走远，却留下现实中的失意，赤裸裸地摆在自己必经的路口，提醒着自己的失败。这何尝不是一种残忍。所以，青春才有了迷茫、焦躁、忧郁，忐忑，彷徨，无助，叛逆……因为我们满怀的梦想，最后变成空荡荡的回音，这让我们情何以堪？

其实，不是每个人的成功，都是那么的立竿见影，顺理成章；不是每个人的成功，都像是写诗作画，挥笔即成。但是，每个人的成功，都曾是在他们青春里挫败过，失望过，彷徨过，呐喊过，却从未丢开的对理想的坚持。

宫颜说起自己的青春，最多的感受还是关于梦想的话题。因为青春，原本就是一个爱做梦的年龄，而梦做得越美，清醒后的打击就越大，这是她对青春最好的总结。

青春里的时间，总是走得很快，不知道什么时候，时间已经把自己轻轻推远，忽然有一天就发现，自己已经不再是那个还可以整天做着美梦的年纪了。好像就是在昨天，她还和朋友们躺在草地上畅想美好的未来，憧憬着令人向往的前景。那时的她，总觉得青春还有大把的时间，一切尚未来到，还有机会去慢慢边做梦边等待，挥洒着无羁的自由。梦想是挂在天边的满月，只要自己带着满腔热情朝它奔跑，就会有一场盛宴如期而至。

只可惜，这场盛宴的到来却是如此的披荆斩棘，宫颜觉得自己的睫毛还满粘期许的花粉时，现实却让期待的未来变成了眼前的萧凌破败。最终，她还是在这场追逐梦想的旅途中迷失了方向。

有一段时间，宫颜一度陷入了无尽的挫败中，眼睁睁地看着身边的人们，一步一步地走向了梦想的彼岸。先是听说某个学姐，考托福居然满分，后又听说某某学长拿到哈佛大学的全额奖学金。每每听说这些，父母都会在她耳边唠叨，你看人家隔壁老王家的儿子，刚大学毕业就考上公务员，这辈子有了金饭碗，就不愁吃不愁喝了；你看高中时学习还不如你的同桌，人家现在已经拥有了自己的公司，年纪轻轻就有了几百万的身价……

当别人在风生水起的成功中享受着人生的惊喜时，宫颜却还是停留在青春尚未完成的梦想中黯淡无光。

别人的成功，就像是一根针，直接刺进宫颜敏感紧张的内心。身边的朋友同学一个个轮番上演着杜拉拉、张拉拉或王拉拉们的奋斗史，他们的青春就像是一部金庸《天龙八部》一般，所向披靡，战无不胜攻无不克。

那个时候，宫颜最怕看到的，就是天资聪颖，从小就前途无量的少年天才。他们的成功，就像是一篇神话，时不时跳出来闪过她的生活，让她丝毫不敢放松的神经变得更加僵硬。她突然感觉到，自己的青春梦想和他们比起来，简直就是一文不值，在别人都忙着让一个又一个梦想变为现实的时候，她还在抱着没有未来的梦想红着脸四处遮着。

脚下的路，就在眼前，远方的梦，却茫然而扑朔。

于是宫颜的整个青春，一直穿插着焦躁，忧郁，彷徨的情绪，挥之不去。

读书，就业，考研，出国，似乎成了青春时代的一个大背景，在这个主旋律的推动下，宫颜被迫站在了人生抉择的关键路口，饱尝着梦想被击碎时，那种痛彻心扉的失败感。但是，她知道无论如何她不能停下，她必须拼命地不甘示弱地向前冲，就算下一次可能还是会在起起伏伏的追逐中迷失方向，她也不能停下。

有时，她真的不知道，这样的自己，该何去何从？

青春的浮躁，很大一部分原因，是因为我们还不够强大的臂膀，却不得不去承担那些沉重的负担，"天将降大任于斯人也"，我们无法推诿，我们必须接受。

青春里的失败，是成功的预热。也只有在这样沸腾的青春燃烧中，我们才能在痛彻心扉的失败和挥之不去的烦恼中，坚强地站起来，给自己这些年累积的梦想一个交代。

所以，三毛绝对不会成为哈佛女孩，更不会对《厚黑学》有感觉。为了青春的梦想，三毛注定要成为一个独一无二无可取代的"流浪者"。她的自由选择，让她的人生变得与众不同；她的特立独行，让她的人生变得不落俗套。其实青春的梦想，不是刻板的模仿和木讷的复制，不是循规蹈矩的流水线，因此，每一种成功也是不一样的，只要我们为了梦想曾经有过激动人心迫不及待的努力和等待，这就够了。

成功没有定义，只要青春的天空，我们已飞过，无论有没有痕迹留下，都是一种成功。

所以，我们也大可不必在青春的舞台上叹息着梦想的遗落，更没必要围观别人的精彩。因为，不是所有的成功都可以用名牌大学、考研或者留学标注，不是所有的梦想都是前途无量、飞黄腾达。因为，青春不一定是走过聚光灯的红地毯，也不一定是众目聚焦的名利场，这些都不应该是青春该有的色彩。青春，就应该是一朵花的盛开，自然地舒展着每一朵花瓣，尽管有最艰苦的等待，和最艰难的坚持，但只要我们不惧怕蜕变的疼痛，自然会迎来怒放的生命。

所以，无论成功失败，请允许我们的青春在铺上一条长长的红地毯前，自由地开放吧！

无伤不青春，谁的青春不受伤

1. 那段青葱而疯狂的爱情，谁伤了谁

青春的美，不在乎结果，而在乎过往的风景。只要爱过，那伤痕也就成了爱的纪念币。当我们以后追忆起自己的青春爱恋时，那爱的伤痕会在记忆深处闪烁耀眼的光芒！

青春带着爱情匆匆走过，留下了深刻的记忆，却也刻下了浅浅的伤痕。

爱情就像是盛开在青春里的花朵，在某一个猝不及防的日子悄然开放。最初，爱情的甜蜜，如风中荡漾的花香，即使轻轻一嗅也觉得甘甜无比。因为每一个爱情的伊始，都有着令人艳羡的红。

那时的我们，在爱情的痛里欢笑，在爱情的伤里幸福，手里握着的，也是相互的温度。喜欢在无人的时候，感受将彼此融入怀中时，心里溢出的幸福和快乐。喜欢在路上，默默地等待你的出现，就算站成一个雕塑也无所谓，直等到你的身影出现，然后我们一起牵着手离去。

突然有一天，灿烂的花朵再也经不起风吹日晒，慢慢枯萎凋零。爱情就像是两个抱在一起取暖的刺猬，抱得越紧，刺的越痛。刺痛伤了彼此的心，也隔离了两个人的世界。我说：你爱的太自我，霸占了我的整个世界；你说：因为太爱你，所以我才这么霸道，因为我不能没有你，所以你的世界只能属于我。

爱情，原来是这样，我们忽然变得绝望，我们不知道在这样的

爱情里，到底是谁伤了谁。难怪世间诗圣们会吟诵"人生若只如初见"这样的诗句，没错，爱情真的不再如初见时那么美好，那时你说过我会懂你，可是你却只在乎你自己；说过我理解你，可是你却总是误会我；说过我们一起走，但你却限制了我太多的自由；说过我们永不分开，可是你却走了；说过一起完成梦想，可是你的心里只有你，而没有我。

缠缠绵绵的爱，变成了滔滔不绝的恨，就这么一瞬间地爆发了出来，爱有多浓，伤就有多深。曾经以为一辈子爱着你，但这次却很想逃。转身，泪如雨下，挥手，心在隐隐作痛。爱情的花朵在风中凋零，没有退路。

忽然，我们还是转过身来，做最后的拥抱，做最后的挽留，但青春的我们都很倔强，爱到尽头覆水难收。一阵冷风吹过，再也没有抬起头的勇气，再也不忍心看到彼此的心，从此以后，你是你，我是我，我们不再有交集。咬着牙，放开你的手，迈着沉重的脚步，远远跑开，留给你一个冷冷的背影。

那些甜蜜，那些承诺，那些誓言，那些约定，那些青春，随着成长路上的风风雨雨，慢慢地凋零了，飘逝了，模糊了，远去了……

大学里，秦蓝读的是英语专业，她明白英语对自己的重要性，于是整个大学生活，她都是在背单词和做测试题中度过的。大三那年，秦蓝遇到了一个西欧帅哥，他是学校的留学生，标准的英国人，有着自然卷曲的头发，和湖蓝色的碧眼。帅哥顺理成章地成了秦蓝的口语老师。很快，他们便坠入了爱河。这个英国帅哥是秦蓝的初恋，她爱得很投入，那时的她，真的以为她们的跨国恋会有一个圆满的结果，她甚至还想过毕业以后要不要跟他去英国。

可是，就在她们热恋一年后，秦蓝发现了帅哥对自己的冷淡和疏远，那时她心里有了一种莫名的恐慌。不出所料，不久之后，秦蓝发现帅哥背着她经常和另一个女孩约会，后来，室友告诉她，帅哥现在正在疯狂地追求法语系的系花。

得知真相的秦蓝，伤心欲绝，那一刻，纯真的爱情在她心里瞬间坍塌，让她一度陷入了深深的绝望中，她恨自己为什么爱得那么投入，爱得那么深。有很长一段时候，她都无法从失恋的伤害中走出来，她甚至以为自己以后不会再爱上任何人了。

毕业后，秦蓝一边努力工作，一边为那段大学时刻骨铭心的爱情疗伤。那时候电视台正在热播琼瑶的《梅花三弄》，里面有一部叫《鬼丈夫》的故事，柯起轩正在感谢上苍让他遇到了生命中应当珍惜之人——温婉飘逸如一朵白梅的女子袁乐梅。与此同时，秦蓝也开始邂逅了人生中的第二段刻骨铭心的恋爱。他是秦蓝的同事，说不出那个人有多好，可情人眼里出西施，秦蓝还是义无反顾地一头栽了进去。她知道有了第一次失恋的教训，对待感情时自己应该学会有所保留，但是，天性单纯浪漫的她，还是像上次一样，那么轻易地付出感情，付出时间，付出一切能够付出的东西。

可是一年后，秦蓝还是在痛苦中结束了这段恋情。男人对待轻易得到的东西，总是不会珍惜。那一次，她终于明白，爱情是需要技巧，需要有所保留，需要欲擒故纵。而她之所以被伤害，是因为自己只会傻傻地付出，傻傻地等待，换来的却是对方的漠视，然后爱情便在不平衡的付出中渐渐麻木。

经过很长一段时间的恢复，秦蓝总算缓过神来。她找了一个各方面条件都很普通的男朋友，她以为这样会让自己相对安全。说实在的，和他在一起，秦蓝内心还是有着很多顾虑，毕竟女人都有虚荣心，男朋友只有出类拔萃，才能带得出去。所以，和他在一起时，秦蓝的心不在焉，他是看得出来的。爱情中的彼此，只要有一方感情跑了神儿，两个人就很难再心无芥蒂地相处下去了。为了不伤害对方，更是为了不让自己陷入另一场更绝望的忧伤，秦蓝选择了分手。

痛苦不亚于前两次，心像失重一般一点点地往下坠，每到夜深人静的时候，秦蓝都会躲在被子里偷偷地哭泣。感情的连环失败，让她变得敏感而脆弱，心里的忧伤如杂草丛生，感叹为什么在爱情中真心付出的自己，总是被爱情折磨得千疮百孔。爱情伤人于无形，像深夜远处闪烁的微弱灯火，她飞蛾扑火般朝自以为是的光明和幸福冲去，却在瞬间的疼痛中被深深灼伤。

秦蓝不明白，努力地爱，却在爱情中一次次地受伤害，在那几段青葱而疯狂的爱情里，到底谁伤了谁。

青春是朵无果的花。青春里的爱情，纯真美好，却极少有结果。最后真正和我们走在一起的人，也并非是那个携手走过青春初恋的人。

世上的事就是如此奇怪，明明非常相爱的彼此，却总是会在伤害中让爱变得伤痕累累。是不是正因为爱之深，才会责之切，才会更容易造成伤害？

因为深爱着对方，才会变得如此敏感。他的一个动作，一个眼神，就可以在我们的心里掀起惊涛骇浪，就会觉得对方没有把自己放在心上，就会忍不住想要质问他。而对方呢，在毫不知情的情况下，就被莫名其妙地责怪一番，自然心里也会不痛快。一方觉得，你口口声声说爱我，可总是对我视而不见；而另一方又觉得，你总说你多么在乎我，可为什么总是对我乱发脾气，没有一点柔情蜜意。我们因为深爱对方而想要对方在乎自己，因为想要对方在乎自己而抱怨对方，因为抱怨而伤害对方，因为伤害对方而最终伤害了彼此的情感。

就像一首歌中唱的一样，"爱太深，容易看见伤痕"，而这伤因为爱得太深，而疼在彼此的心中。所以，我们才会在青春爱恋的疼痛中，不断地反问着：那段青葱而疯狂的爱情里，到底谁伤了谁？

但青春的美，不在乎结果，而在乎过往的风景。只要爱过，那伤痕也就成了爱的纪念币。当我们以后追忆起自己的青春爱恋时，那爱的伤痕会在记忆深处闪烁耀眼的光芒！

2. 闺密知己，谁动了我的软肋

如果青春里没有了朋友知己的相伴，会是多么的荒芜，那些曾经一起学习，一起努力；曾经一起面对痛苦，一起梦想未来；曾经一起讨论人生的价值，一起总结生活意义的朋友们，因为有了他们的存在，才使得我们的青春旅途，变得灵动而有趣。

韩国电影《朋友》，讲述的就是关于青春与朋友的主题。青春，是奔走在对未知探索的路上时，朋友伸出来的是一双相互扶持的臂膀。朋友，则是曾经一起相互调侃嬉笑打闹又心无芥蒂的伙伴，是一起追求一个心爱姑娘的兄弟，是一起共同面对人生困境的依靠。但是，就是这样的朋友，如果处理不好彼此的关系，最终还是会成为相互伤害的敌人。

·如果青春里没有了朋友知己的相伴，会是多么的荒芜，那些曾经一起学习，一起努力，曾经一起面对痛苦，一起梦想未来，曾经一起讨论人生的价值，一起总结生活意义的朋友们，因为有了他们的存在，我们的青春旅途才变得灵动而有趣。

认识伊始，因为相似的兴趣爱好，友情便在无声的默契中渐渐萌生，从此我们便成了无话不谈的朋友。然而，随着朝夕相伴的相处，我们发现了彼此的缺点，随着一个又一个分歧和矛盾的出现，彼此的感情渐渐疏离，慢慢地拉大了我们之间的裂缝。大多朋友会因为这些必然的原因走向分离，于是在青春年少的心里，总会留下那么一点淡淡的遗憾和伤感。

那份伤感，源于那份纯洁的真心。在相知相交过无数个青春岁月后却隐隐约约感觉到两人之间的距离，那是一种心灵的隐痛。恰恰我们又都是年少气盛不愿妥协的倔强少年，面对彼此的误会和不理解，心情在骤然跌入低谷的失望中变得支离破碎：我们是朋友吗？这是偶然，还是必然？慢慢才发现两人之间原来有那么多的不同，于是心里会冒出一种说不出来的感觉，不知道在曾经以为可以相知到永恒的友情里，到底是谁触动了谁的软肋。

这大概就是友情带来的伤害吧。因为，我无法忘记第一次见面时，那种相见恨晚的感觉；无法忘记在我悲伤欲绝时，你一直陪在我身边的悉心安慰；无法忘记在我拿到大学录取通知书时，你与我抱在一起欢呼雀跃的傻样儿；无法忘记，当我告诉你我恋爱了时，你在电话那头为我喜极而泣的激动……"人生得一知己足矣"，可是为什么，曾经以为可以依托一生的情谊，到头来，却走向了伤感。

那些年，那些谈不完的梦想和希望，谈不完的人生乐趣，忽然就隐退到了青春的尽头，变得遥不可及。如今的我们，褪去年轻时的青涩和莽撞，再来看当年的青春时，是不是也会为自己年轻时的那种苛求和挑剔，而后悔不已。友情，本身就应该任其自然地生长，该来时来，该去时去，青春便不再感叹，不再忧伤。

在大学里，春妮也曾有过几个不错的闺密。友情的最初，总是特别美好，那时的她们，就是连微笑也觉得如阳光一般温柔和煦，春妮享受着这份来之不易的情感，尤其是从五湖四海来到同一所大学，有缘聚在一起的朋友，就算生活有时会有阴霾，只要看到彼此的微笑，心里便有暖暖的太阳。

可是，很多时候，友情和爱情一样，终究还是会失去最初的美好。春妮以为只要自己足够珍惜，就可以维持当初的信任，不让一切变得那么糟糕。可是，渐渐地，她和她的闺密会为了一些无聊的小事情争吵，明明可以相互退让一步，装作什么也没有发生，可是年少莽撞的她们，还是不愿意主动妥协，于是友情便一次又一次在彼此的误解中被砍杀。春妮不曾想过有一天她们会变成这样，破碎的心不知道应该以什么样的方式来弥补。

每一次矛盾发生之后，那种无法言喻的委屈，让春妮对友情越来越绝望。原来一直以为知己之间可以肆无忌惮，无论自己做出什么样的决定，对方都可以试着用心去理解。可是她发现自己错了，那年少无知的青春里独有的个人主义变得偏激，于是，她和闺密之间，可以因为一句话说不到一起，便是好几天的沉默冷战。曾经以为时间可以改变一切，到最后才发现，时间留下的，仅仅只有伤痕。

春妮还是感受到了痛心，并不是自己不珍惜这段友谊，而是那些误解与绝情的话，真真实实地刺透了自己的心。因为太过珍惜所以才会伤的深刻，尤其是在青春年少那颗稚嫩单纯的心灵里，有些事情，真的很难马上就过去的。所以，面对闺密的伤害，春妮觉得有很长一段时间，就算时过境迁但伤口却还在隐隐作痛，就算伤口好了，疤痕也还是久久不能褪去。她不明白，那时的她们，为什么总是自以为是地伤害着自己生命中最重要的人，却不以为然。

友情真的伤不起，一旦隔阂产生，就很难再愈合，就像摔碎了的玻璃球再也无法光洁如初一样。而青春里她们的友情，真的就像是一件易碎品，小心翼翼地呵护，就是为了不让事情变得更糟。有时，春妮觉得自己也不是一个称职的朋友，没有做到用心去理解对方的感受。可是，在友情里受伤的岂止是一个人，情感的维系是两个人的事，彼此都喜欢坚持或者沉默，喜欢将自己的意愿强加给对方，喜欢将所有的误会用沉默来掩埋，所以，两个人注定无法理解彼此。

春妮知道，当她们之间出现矛盾时，自己应该学会退让，无论对与错，自己都不应该去计较。可是，青春里的她们还是孩子，青春最不缺少的就是幼稚，她们都是放荡不羁的年轻人，不会对任何人主动妥协，所以，她们还是选择了在对峙的冷漠中彼此疏离。

其实，在春妮的心底，一直有一个声音在说：如果可以，我希望再遇见你的时候，你不再是你，我不再是我，就让今生的一切误会化为烟尘，让相遇的缘分没有伤害，没有对峙，没有冷漠，有的只是我们笑颜如花的默契。

她希望，在青春里的友情，可以永远没有伤害。

我们知道，在那段青春韶华中，因为有了朋友的围绕，我们的人生才显得不那么的孤独寂寥。而且，在我们邂逅的人群中，并不是所有的人都能成为朋友，而有幸成为朋友，实在是一件很不容易的事情。

朋友的伤害有时是无心的，没必要因为一时的误解而分道扬镳。当然，离散聚合，应顺其自然，不必刻意勉强，属于我的朋友，自然会留在我身边，不属于我的朋友，想留也留不住。如果真到了各奔东西的时候，也无须哀怨。每份淡漠下面，都有着不被人知的寂寞和渴望，每个人也都有自己的痛苦挣扎与心路历程。朋友，只需要通过默契来彼此理解，没必要谁束缚了谁的自由，只有相互之间的尊重才是身心疲惫时依然不泯的微笑。

在我们一闪而过的青春里，如果能够拥有这样一位至交闺密：在我们最最孤独无助时，无论相隔多远，她都会如期而至，那时即便是默默相对，不说一句话，也能感受到彼此心灵的契合，就足矣。

3. 为所有的离别贴上创可贴

青春是一场美丽的剧目，总有一些东西会随着时光的流逝而散场、谢幕。道一声珍重，忘记所有的不快，在分别的路口拥抱、离去。尽管在转身的刹那已然是泪流满面，但既然到了该散场的时候，我们就要洒脱地放手，转身离开。不是谁辜负了谁，只是时间到了，到了该说再见的时候。

与青春有关的日子里，最常见的就是离别的伤感。在那段敏感细腻的岁月里，淡淡的忧伤，犹如夹杂着雨丝的丁香花，带着些许微凉，从心间滑过。

那时的我们，耳朵里永远塞着一副耳机，一遍又一遍地听着那些伤感的离歌，好像在听自己的心声一般。我们是那么害怕离别，害怕那种失去后莫名的孤寂感，如被黑暗吞噬一般包围着我们，所以，我们试图牢牢抓住每一个我们想要抓住的人和事，哪怕只有片刻的停留，也可以慰藉我们被离别的恐惧掏空了的心。

可是，青春是一对长着翅膀的精灵，从来就不是我们的囚牢，所以它也不会轻易为我们停留。只要等到风吹来的时候，那些生命中一直被我们珍惜着的人和事，就慢慢地从我们眼前飞离，任我们如何拼了命地挽留，他们都是如此义无反顾地离开。看着他们离去的背影，我们独自伫立在风中，哪怕凝固成一座雕像，也还是习惯以这样的姿态，默默地怀念着那些从我们生命中离开的人们。

所以，在不经意的某个瞬间，听到某一首歌，某一段旋律，就会瞬间忆起某段时光里，带着泪痕与某个人离别的场景。或大学，或高中，或看见曾经在自己座位旁那张用刻刀划下的青涩脸孔，那是青春回忆里对于最难忘的人一份记录性的书写，即使终将离别，也希望每个读着这些故事的男孩女孩，都能从中看到青春里关于离别的味道。

就像电影《那些年我们一起追过的女孩》里，在故事即将结尾的时候，当年的同学聚在一起参加沈佳宜的婚礼，大家在闲谈中，莫名地感慨时光匆匆，白驹过隙，沧海桑田，想起来多年前，那场青春里的离别，现在看来，真是"如花美眷，似水流年"，那种感觉再也回不去了。

正如电影《老男孩》的主题歌唱的一样，"各自奔前程的身影匆匆渐行渐远。我们只是分开了，我们只是没有在一个地方，我们还很爱彼此……"那些与青春有关的日子里，在相同的地点，我们都曾经历过离别的伤感。回想那时的感觉，满满都是凄冷的味道。但是，谁的青春不是这样走过来的？

在大伟看来，对于青春离别最深刻的感触，还是和大学毕业有关的日子。

记得离开学校前的那天晚上，大伟和同学们像往常一样坐在校园的草地上，大家围成一个圈，一根根蜡烛闪烁着温暖的光，有人轻弹着吉他，这是彼此都熟悉的校园歌曲，淡淡的旋律带着几分忧伤撩拨着他们的心，那一刻，大家都在无声中落泪。明天，同学们就要走了，就要离开这座生活了四年的校园，就要与朝夕相处同学们离别了。"人生自古伤离别，更哪堪青春时节"，四年间的点点滴滴突然一幕幕地在大伟眼前闪现。

还记得四年前他满怀憧憬地从外地赶来，像是为了共赴一场人生的盛宴一般，踏进这座美丽的校园。那时的大伟，眼里的一切都是那么新鲜那么可爱，教学楼掩映在绿树成荫的树丛中，宿舍楼前挂满了学姐学弟们的衣服，篮球场上那些生龙活虎的身影似乎总在昭示着青春的热烈和激情……望着周围那一张张带着青春朝气的陌生面孔，彼此间的声声你好，一下子拉近了大家的距离，很庆幸能在这里，与同学们相识。

忘不了军训的那些日子里，大家真的就像是一条战壕里的战友一样，一起接受着进入大学以来的第一次人生历练。虽然那时的汗水已被华美的青春烘干，虽然曾经的足迹已被岁月的清风掩埋，但是军训中那些让大家慢慢凝聚起来的情谊，却是永远忘不掉的。

记得那条两旁满是梧桐树的校道，阳光透过浓密的树叶洒下斑斑驳驳的光影，每天走在那条落满梧桐树叶的小路上，在教室与宿舍之间往返。闲来无事时，大伟喜欢坐在树下的长椅上品读着钟爱的书籍，有时也会与同学们聚在路边争论着那永远都找不到答案的学术问题，时而还会骑着单车迎着夕阳在微风中穿行……这条校道，大伟来来去去不知走过了多少回，但却觉得走不够似的。

大四那年，开始进入了紧张的实习和找工作阶段，每当忙碌了一天回到宿舍，大伟便和室友们叽叽喳喳聚在一起分享着找工作的心得体会，并且微笑着彼此鼓励："面包会有的，工作也会有的！"当得知有人找到好工作时，大家会发自内心地为他欢呼，当听到谁一直没有找到合适的工作时，大家又彼此安慰着。就这样，大伟和他亲爱的同学们，互相扶持着安慰着，走过了大学的最后一年。

记得，这些大伟全都记得，可是，他知道，离别就在眼前，一想到要离开生活了四年的大学，心里就隐隐作痛。多想再听一听以前一听就会犯困的理论课；多想再像从前一样一整天泡在图书馆里；多想一辈子都待在那条长满梧桐树的校道上，多想再一次跑到篮球场上挥洒自己的青春；多想再一次披着晚霞在校园的树林里与暗恋了许久的女生散步；多想再一次去食堂吃一顿那已经吃腻了的蛋炒饭……

可是，离别就在眼前。收回过往的回忆，看着眼前的同学们，已经深夜十二点了，大家都不忍离去，耳边伤感的吉他旋律继续盘旋，不知是谁开始带头唱起来，慢慢地大家也都跟着唱了起来："曾经相聚多少天，才知道离别多少年，虽然所有相聚终究要离别，缘分将我们围成圈，依依不舍的离别尽在眼前，我们一定要再见，不管路途有多遥远，虽然前方有危险，也不管要多少时间……"终于，有人忍不住流下了眼泪。

昨天，大家因为相同的梦想走到一起；今天，大家又带着新的梦想各奔东西；明天，无论身在何处，大伟知道，他会永远记住每一个曾经经过自己青春的人。

青春是一场美丽的剧目，总有一些东西会随着时光的流逝而散场、谢幕。道一声珍重，忘记所有的不快，在分别的路口拥抱、离去。尽管在转身的刹那已然泪流满面，但既然到了该散场的时候，我们就要洒脱地放手，转身离开。不是谁辜负了谁，只是时间到了，到了该说再见的时候。

青春如白驹过隙，一眨眼的工夫，时光在无声中渐行渐远，那些青春里的一些人和事，也在轻轻的道别中慢慢交替更迭……

回忆过往，那些童年的发小，那些少年的知己，纷纷退出了我们的视线，踏上了离别的列车，我们在月台相送，恋恋不舍，看着他们远去，我们挥着双臂，任眼泪奔流。时光如潮涨潮落般卷走人事，留在沙滩上的，只剩回忆。如今，当离别摆在胸口，我们所能做的，就是为离去的他们祝福。

想着那些陪伴过我们的人，虽然现在不知道他们身在何方。但是每每走过那些曾经一起走过的路，每每看到那些曾经一起看过的风景，每每想起那些曾经一起幻想过的希望，就会突然惊觉，原来他们一直未曾离开，他们已被收藏在回忆里，成为一道隽永而独特的风景，留在了我们的生命中。

想到这里，我们终于为自己找到了一抹抚慰离伤的创可贴。

4. 有些事有些人，不经意间就错过了

有人说，青春时的故事，快乐或悲伤都是一种美好；青春时的选择，正确或错误都是一种悲壮。于是，那些青春时我们错过的人，错过的事，都因失去的留恋，而在时光里泛出迷人的光。

青春，就像是被风吹起的漫天飞扬的蒲公英，想要迫不及待伸手抓住时，却感觉已经错过了很多东西。

时光就这样从我们的指尖匆匆滑过，不留痕迹地将所有的青春带走，当然，指尖还是留下了淡淡的清香，既熟悉又陌生，那是被我们错过的，青春里的人和事。

有人说，青春时的故事，快乐或悲伤都是一种美好；青春时的选择，正确或错误都是一种悲壮。于是，那些青春时我们错过的人，错过的事，都因失去的留恋，而在时光里泛出迷人的光。

曾经有人问诗人席慕蓉对青春的看法。席慕蓉说："我眼里的青春，其实就是一场又一场错过之后的成长，时光跟爱情都一样，你永远只能追悔，我一直认为青春里最大的错过，就是后悔自己为什么不多经历一些事，为什么没有多珍惜一个人。"

所以，在席慕蓉最新的一些诗集里，很多都和错过、追忆有关，她说，"我们的一生，不光是错过了青春，很多事情都是在用整整一生来错过，不断地错过，又不断地重新来过，我只有在失去后才知道。那些年的放手，当时只道是寻常，走过去之后才慢慢发现，原来我错过的，是当时看来无所谓，现在看来却极其珍贵的东西。"

所以，就像席慕蓉在诗中说的一样，青春总是有那么一些事情是注定要错过的，所以她的诗都是在回望。就像现在站在青春路口

的我们一样，懵懂无知间便已错过了很多美好的人和事。而当我们幡然醒悟的时候，才发现接下来的日子不能再继续错过，怎么办？怎么才能把那些错过弥补一下，把剩余的美好留下一点。

所以，我们开始停下在青春里疾驰的脚步，注视着自己的青春，不断地问着自己：那些倒映在时光里的人和事，我们记住了多少，忘却了多少，又留住了多少？

关于青春，我们的故事里可能都有错过吧。

在杨光看来，青春里的错过，大多和情感有关。因为青春的时候，在寻找爱情的路上，谁没有错过一个人？

在这个风华正茂的年代，杨光认为爱情就是你喜欢我、我喜欢你。但是，第一场错过的初恋让他明白了一件事：爱情要想长久，光靠外貌的优势和甜言蜜语是远远不够的，在日久天长的相处中，如果一个人没有足够的资本和优势，或者是让对方迷恋的性格魅力，以及生活的一些情趣，那么，爱情迟早会随着彼此性格缺陷的暴露而土崩瓦解。于是，无论多么美丽的初恋，无论那时候彼此是多么的痴迷，多么的真挚，但最终还是注定要错过的。这可能是初恋成功率都比较低的缘故吧！

后来，杨光有了第二段恋情，她是一个美丽而虚荣的女孩，女孩其实并不适合杨光，可是身在爱情中的杨光却看不出来，因为太年轻，以为只要自己够爱她，就一定能改变她。那时，杨光的眼里只有女孩回首时的风情，只有女孩失意时的孤独，总觉得女孩是这个世界上最与众不同的。他一直觉得和这样的人恋爱，是一种身心的愉悦，但他却忽略了女孩浪漫背后的虚荣、孤独背后的浮躁、独特背后的庸俗。爱情有时会蒙蔽了人的眼睛，而那个真正的她，一直都藏在迷人的表象背后。后来当杨光真正了解了她的另一面之后，才发现，他们之间原本就是两条轨道上的人，不会有交集。于是，杨光有了青春爱情里的第二场错过。

在青春的第三段恋情里，杨光遇到了第一个能真正打动他心灵的女孩。在他的印象里，女孩永远那么安静、那么温婉、那么善解人意。热恋的那段时光，他们经常一起出去散步，海阔天空地聊着自己的梦想和对未来的憧憬。面对这样一个热爱着他的文字，懂得他寂寞的女子，杨光也曾经想过，如果与这样的女子牵手一生，会是多么幸福的事。可是，在他青春躁动的内心深处，又极其不甘心一辈子守着一个单纯的邻家女孩过一辈子，他骨子里还是更热衷于那种惊艳的美丽女子，喜欢她们一览无余的笑容、喜欢她们豪放不羁的风姿。也许是因为在年少懵懂的心中，一直潜藏着一种无知的张扬与梦幻，让他长了一颗不安分的心。这一次，杨光还是选择了放手，就此错过了生命中第一份真爱。

第四份恋情里，是一个有着杨紫琼一样豪气的女子。她不在乎杨光的一无所有，一直依恋着他欣赏着他，在女孩身上杨光第一次体验到一种可以让自己安定下来的感觉。但是他的心偏偏不安于现实，他不想就这样和她一辈子待在一个小城市里，慢慢被人遗忘，不想让自己的人生在这幽僻的一隅里自生自灭。他觉得她不懂文学，没有共同语言，有一段时间杨光真的选择了从她身边逃离，可是当所有人都将他淡忘的时候，她却一直记得杨光，为他祝福。杨光真的更感动，现在这样的女人真的太少了，不恋物质，不问世俗，一心一意地爱着一个人。但是，追求完美的无知，让他再一次选择了错过。

那些擦肩而过的女孩，变成了青春的大背景，似乎在无形中提醒着杨光，关于那些青春里不经意便失去的美好。他知道，在那时年轻的心中，总是追求完美，总想着，下一站也许会更好。于是，情路多舛，他错过了最美丽的季节，错过了最该珍惜的人。

青春最好的结果，就是一颗心的成熟。两年后，很幸运，杨光的爱情终于尘埃落定。他身边的女子，没有惊艳的外貌，没有浪漫的风情，没有超脱的气质，不懂得风姿情调，也不善于风花雪月，她的纯净与平凡，如涓涓溪流般滑过杨光的心间，让他的心变得安宁而踏实，她给了杨光最向往的生活，杨光告诉自己：我将不再错过。

总是在千帆过尽的时候，才明白，人生没有多少机会可以让自己一再错过。

炽热的青春年华，别离的气息从未停止。曾经的人和事，随着时间的推移，如同风中的蒲公英，毅然决然地就此远离我们的视线。错过的情感，错过的人，错过的时间，错过的美好，须臾转化为天边一抹淡蓝色的暮霭，来不及挽留与守望，我们便站在了即将分离的青春岔路口。

忽然想起水木年华在一段广播剧里，说过这样一句话：

"有时候，我想，我们需要在青春里与某些人和事擦肩而过的。每个人都有过青春时纯美的爱恋，那种浓郁的情感挂在心头，怎么也化不开。但是我们当时还是选择了分手，曾几何时我一度以为这种幸福可以成为永恒，只要我懂得珍惜，就一定可以抓住那一刻爱情。但结果我还是选择了放手，让幸福与自己擦肩而过。如果时光倒回，我想我还是会选择离开，我不会后悔，因为只有在不断地与你爱的人和爱你的人擦肩而过之中，我们才能不断地爆发、沉淀、长大，最后留下来相伴的，可能正是一种生命的阅历……"

这段话，一定可以勾起每一个人关于青春时光的回忆和感受吧。

就像看过《那些年我们一起追过的女孩》的读者们说的一样，每个男孩的心中都有一个沈佳宜，每个女孩的心中都有一个柯景腾。尽管他们最后错过了彼此，但是他们却感激着那些年、那些岁月教会了自己如何去爱，感谢他们在最美好的日子里遇见了对方。

青春就是不停地错过。因为我们太年轻，还无法判断什么是最适合自己的东西；因为我们太年轻，还承担不起永远不变的承诺；因为我们太年轻，还需要用很长的日子来尝试。就像《那些年》电影里的一段对白，女孩对男孩说"谢谢你喜欢我"，男孩说"我也很喜欢当年喜欢你的自己"。

青春里的我们，谁不是在这些错过的泪水之中长大的？

5. 总有一些失去，在青春里凝成遗憾

青春的故事，终究是离不开"失去"的。其实那时谁对谁错根本不是问题的关键，我们之间的争吵也不是分手的真正原因，无论怎么样，我们注定是要失去对方的，因为那时太年轻，还不够清楚自己到底该要什么，适合什么。但在"失去"的过程中，我们也慢慢地长大了，因为青春期的成长，总是靠一次次的"失去"换来的。

对于青春，一直以来我们都有一个疑问：在那短暂而又朦胧的青春里，我们到底失去了什么，又收获了什么？一段友情，一段恋情，一种成长，还是一段无结果的坚持？

失去的东西注定是找不回来的，那个时候的一腔热血，不知什么时候已随着岁月变迁冰封在心。很多人说，青春懵懂的季节，失去的多，收获得少，那时的我们在岁月的长河中寻寻觅觅，总希望能找到自己想要的东西，最后却发现没有留下任何痕迹，不知道自己追到了什么，又失去了什么，只觉得满心迷茫，似乎总是看到希望就在不远的前方，可是伸手却什么都抓不住。

后来，我们回忆起青春总是会说，当年、曾经、以前……这些词语从我们的嘴里说出来的时候，其实是在诉说着昨日失去的遗憾。还记得那个校园，那片草地，那个曾经坐在一起畅想未来幼稚愿望的操

场，那些恍如昨日的情景，那群单纯可爱的伙伴，如今，早已从生命中慢慢淡去，从此，彼此都成为青春路上一道远逝的风景。那些年，那些事儿，失去的，得到的……模糊而又清晰，在记忆中盘旋。

我们知道，这个世界没有如果。青春总有一天会繁华落尽，春皆去，失去的便永远回不去了。我们也曾想过，那些曾经美好的年华，会不会有机会再继续？那份失去的真情，能不能再有一丝挽回的余地？可是，在物是人非的如今，我们不可能再回到起点，面对曾经的失去，我们知道，那些无忧无虑的日子、懵懂的青春、逝去的年华、放手的爱情，那个地方，那些事儿，那个你，终究已经不再。

但是，不管是以什么样的形式开始，以什么样的姿态结束，不管伤心还是开心，就让这段梦幻般的童话，保留最初的味道，沉淀在曾经的岁月中吧……

每一段青春都害怕失去，因为那些不忍说再见的失去，是青春里最深的痛。小优是一个多愁善感的女孩，每当她看着身边的人一个接一个地离开自己，慢慢地从自己的生活中隐退，心灵深处就会涌上一种莫名的孤寂感。她知道，虽然生命中的人和事就是以这样的方式来来去去，老朋友去了，又会不断结识新的朋友，但是，无论得到多少，孤独的心还是会纠结于失去的痛楚。

尤其是看着现在还拥有的人和事，担心着有一天，或许就在不久之后，他们也要离开了，小优就会有一种莫名的恐慌……

大四那年，是小优一生最最灰暗的日子，在那一年的时间里，先是她最要好的闺密因为一些误会与她风道扬镳，然后是相恋了两年的男朋友因为她的任性而移情别恋，接着又听说实习单位打算在她结束实习后与她解除雇佣关系……面对不断累加的伤痕，小优突然感觉万念俱灰，那么多的失去，一下子出现在她的生活里，让她措手不及。

那一段时间，没有朋友，没有爱人，没有工作的小优，开始习惯在城市的街角四处游荡。

独自一人静坐在公园的长石凳上，看着从眼前走过的零零落落的路人，看着他们在寒风中或蜷缩着身体，或缓缓独行，小优想，或许他们一如自己，心里还在追忆那些已经失去的人和事，那些念念不忘的人可能早已在不经意间逃离了自己的生命，不留一点痕迹。

那一年的冬天，小优就是这样度过的，每天带着失去的忧伤，走在寒冷的街角打发寂寥的时光。那一季，寒秋的萧瑟过后，带来的便是冷冬的荒芜，夕阳带着几分余热洒下依旧温暖的光辉，伴着树的光影落在斑驳的墙上。一如她的心境，支离破碎间不见葱郁笼笼，失落的情绪变得毫无生气……

小优知道，自己的青春始终未曾停转，日复一日，月复一月，年复一年。而从自己生命中溜走的，不仅是容颜，还有那些曾经遇到的人，那些相遇、相知、相守，原本以为可以一生相伴，最后留下的终究是独守的回忆。如今，那些爱她的人和她爱的人，那些生命中她一直认为最重要的事，好多都已成为过客。小优常常感叹，他们怎么就一下子从自己的生活中消失了？好像就是在一抬头一低头的罅隙里就忽然不见了。

想起刚上大一时，她经常和闺密们在学习闲暇之余，相约来到这座公园里游玩，她们在一起嬉戏打闹，畅谈生活的梦想，畅想未来的憧憬，甚至在一起谈论自己喜欢的男生，说到激动处，还会发出肆无忌惮的狂笑，喊到声嘶力竭。那时的公园里，印刻着她们的欢声笑语，眼里心中总是一片繁花似锦，无限生机。而那时的小优，因为她们的存在，也总是沉浸在一种莫名小幸福中。

彼时，她们携手行走在青春的征途，生活似乎也因为有了闺密们的相依相伴，而变得意义非凡。小优曾一度以为人世间的友谊坚不可摧，彼此可以融入彼此的生活，她甚至还觉得自己的存在将成为她们生活中必不可少的一部分。可终究友情还是因为性格的差异，以及人生观的不同，一个向左，一个向右。时间和距离疏远了情感，最后留下来的也只是彼时的剪影，可是慢慢地，恐怕最后连这些也被遗忘了。

还有，那一段段在她生命中出现，又在她不经意的无视中一次次被失去的爱情。此去经年，那些曾经有过的美好，慢慢地随着青春的流逝而远逝了。时间就像是墙边的苔藓，渐渐滋生出许多蔓藤，用它们纤弱的触手，撩拨着心中失去的隐痛。让她在忆起时，清晰地看到自己内心的不舍和伤感。

但是，面对青春里的失去，小优觉得需要缅怀的，不仅仅是追忆的伤感。曾经和惺惺相惜的朋友们说过相见恨晚，就算对方头也不回地离开，但是她们依旧是自己生命中最美丽的邂逅，她依然不会忘记那个美丽的青春里，她们初见时的惊喜。

小优说，她要谢谢那些在自己最美的青春里出现过的人们，谢谢她们，包容着她一度的任性；谢谢他们，给了她一段美好的回忆；谢谢他们，让那些年里的自己，有了满脸的笑容和心灵的温存。

她只想静静地记得，那些曾经来过自己生命中的人……

还记得青春时节我们最喜欢看的电影《十七岁的单车》吗？那就是一部关于青春，关于失去的电影。

当清纯无比的高圆圆出现时，每个人的心里都有一种久违的悸动，那是学生时代从教室窗口经过的隔壁班女孩。这是每一个人对懵懂青春的回忆中，经常出现的画面。在《十七岁的单车》中，小坚在一次争吵后，失去了心爱的隔壁班女孩高圆圆，青春期的男孩女孩，在恋爱中吵架是常事。

那是一个下着雨的画面，小坚骑着自行车围绕着高圆圆焦急地打转，一边打转一边努力地解释，企图挽回即将失去的爱情，可是无论他如何打转，都不能挽回高圆圆已执意离开的心。最后，他只能绝望地看着高圆圆骑着单车，奔向那个染着一头黄发的男孩……

青春的故事，终究是离不开"失去"的。其实那时谁对谁错根本不是问题的关键，我们之间的争吵也不是分手的真正原因，无论怎么样，我们注定是要失去对方的，因为那时太年轻，还不够清楚自己到底该要什么，适合什么。但在"失去"的过程中，我们也慢慢地长大了，因为青春期的成长，总是靠一次次的"失去"换来的。

那些生命中出现的每个人，都成为记忆中不可磨灭的回忆。当我们转身决定离开的时候，才发现，其实那些失去，不光在我们的生命中凝成遗憾，更凝成了永恒。

6. 第一次受伤的经历是不逊

青春的梦醒了，我们一时间感觉很受伤，于是我们一边受伤，一边成长，这便是青春。无伤不青春，不痛不成长。其实单纯的我们正是在这样反复的受伤中，才成长为现在独一无二的自己。

在青春里的我们，谁的脸上没有爬满过丑陋如爬虫般的痘痘，那样刺眼，为了美观，我们不是抓就是挤，试图想把痘痘除掉，然而最后留在脸上的，却是点点斑驳不堪的伤痕。

人们都说：那是属于青春的痕迹！是的，谁的青春不受伤？谁的青春没有留下或深或浅的伤痕？成长都是疼痛的。

每当说到青春，总觉得它应该是和"美好"关联度最高的词汇。青春美好，是每一个发现青春已逝的人发出的感叹。而事实上，再美好的青春岁月里面，都会夹杂着些许伤痛。

　　在那段被梦想环绕的日子里，本以为所有的憧憬都会在不远的将来变为现实，本以为自己想要的一切都会如期而至，本以为爱情的路上会铺满鲜花，本以为人生之路会向着自己想象的方向发展。可现实却总是无情地将所有的梦想都击得粉碎，到最后却发现，人生路上到处都是荆棘，我们已然被刺得遍体鳞伤。

　　但是，我们也很庆幸自己，在一次次受伤中就这样渐渐长大了。在那些一边美好着一边受伤着的日子里，我们因为年轻，所以犯傻；因为追逐，所以犯错；我们因为真爱，所以犯贱。青春，就是在犯傻犯错犯贱的日子里，一边受伤，一边蜕变，一变成熟，这便是青春！

　　成长中的伤痕和疼痛，让我们明白"无痛不成长"的真谛。每一次痛过，都会有一种宝贵的生活阅历在人生中沉淀了下来，下次再遇到这样的事情，我们就能驾轻就熟地应对。成长的心酸，不论轻重长短，都会让我们在经历受伤后，于心灵中留下一份强大的信念，警示我们，幸福得来不易，如何获得还在于自己对于幸福的把握，因为人生没有绝对的苦或甜，是苦是甜，行者自知。

　　青春里的我们，曾以为，自己认定的爱，就可以是一世的情缘；拥抱，也应该是永恒的温暖。但是，经历过青春的几次情伤之后，就会发现，放下一个人的手，还可以牵起另一个人的手；投入一个人的怀抱，还可温暖另一个人的怀抱。曾经以为这个人就是自己一生的爱，以后不可能再爱上别人，但是，我们还是在结束了一段情感之后，又开始了另一段情感。

　　人生就是这样，受过伤害之后我们会发现，现实世界没有绝对的永远，也难有永远。何时何地，再深的情，抵不过岁月的变迁，经不过世俗的磨砺。所有的情，都离不开现实和物质，不是情浅情深的问题，因为现实就是最真实的生活。

　　青春的梦醒了，我们一时间感觉很受伤，于是我们一边受伤，一边成长，这便是青春。无伤不青春，不痛不成长。其实单纯的我们正是在这样反复的受伤中，才成长为现在独一无二的自己。

因为那些曾经受过的伤，是我们一点点成长起来的印记。

在美国留学的时候，廖军一直是一个只顾着埋头学习、比较沉默的人，很少参加学校里的任何活动。有一次，为了突破自己的性格缺陷，他鼓起勇气报名参加了学校组织的演讲比赛。

能够做出这个决定，连他自己都感觉很意外，班里的许多同学更是觉得不可思议，因为他们知道廖军一直以来就是一个生性腼腆、不善于表达自己的人，见到陌生人总会远远躲开，尤其是见到女孩子，一说话就脸红。对于这样内向的人，在公众场合参加演讲比赛，的确是让人觉得不可思议。

可是，当同学老师用质疑的目光望着廖军时，他的心灵受到了极大的伤害。他不希望大家都能信任自己，他只是需要一些鼓励，可是没有人能了解他的心声，在那一刻，廖军感到了孤独。尤其是得知班长因为不信任他能做好这次演讲，而没有把他的名单送到教导处时，他一下子被这种蔑视的伤害气得怒火中烧，于是直接冲进教导处主任大卫的办公室，向大卫表明了他的立场，以及他应该受到的尊重，大卫在感动之余同意了给他参加这次演讲比赛的机会。

比赛当天，廖军真的是紧张到了极点，他一直在给自己打气，努力告诉自己不要紧张。可是上台以后，还是出了意外，面对着台下数以万计的观众，廖军一下子懵了，脑子一片空白，本来已经背好的演讲稿忘得一干二净。看着一言不发站在台上的廖军，同学们哄堂大笑，手足无措间，他只能在众人嘲笑的目光下仓皇地走下了演讲台。

这是廖军一生中受到的最沉痛的打击，在青春稚嫩的心中，那种伤害一度让他万念俱灰，他觉得要真的承受不住了，他甚至觉得已经无颜在美国待下去了，于是生出了回国的念头。就在廖军准备离开的时候，他的朋友艾维尔邀请他去他郊外的别墅游玩，廖军欣然前往。

艾维尔的别墅建在一座山花烂漫的山上，风景宜人。廖军想，艾维尔虽然和自己不是一个学校的，他也没告诉艾维尔在自己身上发生的事情，但是，廖军相信艾维尔从侧面已经了解到了整个事情的经过。所以，那天，当他们漫步在郊外的花丛中时，艾维尔一直默默地陪廖军低头观赏脚下的鲜花，并没有刻意地说些什么，廖军知道艾维尔在给自己慢慢思考的空间。

忽然，在不远处的草丛里，有一片黄灿灿的金盏菊正在微风中怒放摇曳着，廖军一阵兴奋之下，跑过去观赏。这时，跟在身后的艾维尔终于开口说话了："廖，过来看，这里有一朵开得极美的金盏菊，绝对堪称群花中的花王，可是你发现没有，有一些花瓣却被狂风暴雨打伤了。"廖军不以为然，随口问道："这么美丽的花期，也有受伤的时候吗？"艾维尔笑了："每一个人的青春就像是一朵花的开放，世上没有不受伤的花，就像世上没有不受伤的青春一样，每一朵青春的盛开，都要经历虫子的咬噬，暴风雨的侵袭，而这些伤痕累累的印记，正是青春成长的资本。"

那一次，廖军终于明白艾维尔带他出去的真正用意。廖军真的很感谢他，透过一朵花，却让廖军看清了生命的真谛。回校后，廖军开始大胆地报名参见学校的各项活动，毫不在意别人的目光，虽然每一次都会难逃受伤的厄运，但他却一天天变得成熟。

第二年在与外校的一次辩论会上，廖军用让人刮目相看的雄辩，为整个班级博得满堂彩，那一刻，廖军真的觉得自己长大了。

世上没有不受伤的青春，这就是人生。

有人说过这样一句话："青春不仅是拿来成长和付出的，同时也是拿来受伤和挥霍的。"青春路上，一路挣扎一路流泪一路坚定，一路徘徊一路踌躇一路坚持，没有谁能诠释什么是青春最正确的定义，但是我们每个人都会在不同的伤痕中去真正了解和体会青春的意义。

别人都羡慕着我们的青春，可是当他们看见青春那抹亮色的时候，却忘却了青春背后的那些暗色。既然青春是一场花季，那么在青葱、绚烂的唯美之下，必定会有着暗流涌动的凋零和残酷，所以，经历过青春的人们，才会深深明白，青春，青春，原来青是受伤，春是成长。

我们生活的时代，充斥着太多的浮躁和欲望，所以，少不经事的我们更加容易受到身心的伤害。但是，我们是主宰青春的少男少女，所以，不管未来的旅途会有什么样的经历，受伤是为了让我们学会反思，而当内心在反思中真正强大起来的时候，我们便是真正的成长了。

青春的每一步都是一种人生的体验，不管喜怒哀乐，都是沿途最美的风景。所以，学会在青春中受伤和流泪，是一种成长的必须！

7. 那些在青春里，把自己深深包藏的自卑

青春里的我们，每个人都是独一无二的存在，都是最好的存在。所以不要再深深地厌恶现在的这个自己，不要在青春有限的时间里，拼命地向前奔跑，去追逐那个不属于自己的自己，不要试图丢掉现在的自己。而是每天练习着告诉自己：现在的自己，就是最好的自己。只要我们愿意接纳自己，别人自然就会接纳我们。因为，"你若盛开，清风自来。"

有句话叫做，没有不自卑的青春。每个人都经历过青春的自卑，自卑的理由可能不尽相同，但自卑的感受却都是一样的。

不知道青春里的我们是不是都会冒出这样的念头：如果我再聪明一点就好了；如果我的学习成绩再优异一点就好了；如果我的外貌再靓丽一点就好了；如果我……青春期的我们，站在这个光鲜靓

丽的世界面前，媒体上充斥的各种信息冲击着我们的视野，我们的心也会跃跃欲试，但尚无资本的我们，总是会在现实面前自卑地低下头；但自卑的同时又充满向往和期待。于是，我们的脑海中便开始不断地出现"如果我……"的假设。

还记得吗，青春里的我们，觉得自己太胖，觉得自己太丑，觉得自己太平凡，觉得自己不够聪明，觉得自己人生苍白……于是那时候的我们，为了美丽疯狂减肥，然后又在饥肠辘辘中暴饮暴食；拼命地为自己充电，报各种学习班，也不管自己适不适合；挤破头地去学一些时尚热门，深怕自己被时代抛弃……

其实这些无非就是我们为了让自己不再自卑，而找的一种自我安慰罢了。那些所谓的外貌和成绩，也只不过是一个个可以证明自己的标签，让我们的内心在找到属于自己位置的同时，也能寻找到一些缺失的安全感。

其实，在真正美好的青春里，每个样子的自己，都是最迷人的。顺从自己的本心，做只属于自己的自己，不追随所谓的潮流，不被身边的环境影响，执着于自我内心的感受，展现最自然的青春姿态，就是一种难得的自信。

一直以来，维纳都是一个自卑的女孩。

前一段时间她参加了一个高中同学的聚会。相隔五年后再见，当初青涩稚嫩的脸孔间都平添了几缕沧桑。好久不见的伙伴们，彼此相谈甚欢。男女生有一搭没一搭地聊了起来，只见女孩们对一个看上去颇为帅气的男孩说道："当年，你知道我们有多么怕你吗？我们都不敢和你搭讪。"那个男生大吃一惊："为什么？"维纳抢先一步说道："因为你看上去很清高，不把任何人放在眼里……"

在维纳的记忆里，这个男孩外形帅气，体格健硕，理科学得特别棒，走路总是抬头挺胸的，目光里充满着不屑。

可是，听了女孩们的话，男孩却说："不会吧，当年的我其实是很自卑的，由于自卑，我才会装出一副桀骜不驯的样子，深深地把自己藏起来，害怕受伤，害怕被别人看不起。我没有显赫的家庭背景，家在农村的我从小饱受别人的轻视，我家里弟兄姐妹多，下面的弟妹也要上学，所以，我的生活很拮据，总吃最便宜的饭菜，又怕被人看见嘲笑我。所以每次吃饭，我总是躲着大家，你们总以为我不和你们在一起是因为我的骄傲，其实恰恰是因为我的自卑……"

今天，事业爱情双丰收的男孩回忆过去，已经把当时的贫困作为一种笑谈。其实，那个时代的人生活得较窘困，原本是极其正常的一件事，生活的拮据，原不该成为自卑的理由，没想到，竟使他像蜗牛一样，躲在一层坚硬的壳里，不肯出来。

维纳知道，其实自己何尝不是这样。内心里，总是有着莫名的自卑，却装作很清高的样子，高高地仰着头，一副"神圣不可侵犯"的样子。那时的她暗地里曾经偷偷地喜欢上一个男孩：他走路的姿态，微笑的眼神，专注的表情……都深深地吸引着她。但是，那一次，当维纳偷偷看向他的目光被他冷漠地回避后，维纳内心仅有的一点自信降到了冰点，她听到了自己心灵深处一阵尖锐的碎裂声。

"没有人会喜欢我吧！"维纳常常这样想。没有漂亮的外形，没有优越的家境，没有出众的才能。所以，当那天晚上一个男生突然出现在维纳面前，递给她一张纸条时，她还一度以为是男生让她转交给别人的，回到宿舍，打开纸条才发现，情书居然是写给自己的。当时维纳真是傻了眼："怎么可能，怎么会有人喜欢我这样平凡的女孩？"

席间，一个男同学对维纳说，其实那时候，他也喜欢过维纳，他说维纳的眼睛好亮，一头乌黑的秀发，白皙的脸孔上总是挂着甜甜的笑。还有同学告诉维纳："那时候，你喜欢穿一件粉色的裙子，喜欢一个人坐在草地上看书，你的文章曾经发表在校报的专栏里，我一直很崇拜你，其实你很优秀呀！"

原来，自己在别人眼里曾经是那样的美丽，而维纳根本不知道，因为在她记忆中的青春，常常被自卑充斥着，就像蜗牛一般，背着一个重重的壳，把自己深深地包藏起来。青春因为自卑所以活得很不洒脱，其实自卑真的是很多余，但那时，却总是很难鼓起勇气来面对自己。

纤细，敏感，多疑，脆弱，伤感，这些青春的特质，像花儿刚抽出的嫩芽，娇然欲滴，却极易折断。但是，青春只有一次，不管是自卑还是自信，多年后再回首，还是那么美丽。

张爱玲在她的少女时代也曾经很自卑，张爱玲的确不是一个漂亮的女人，但是他的魅力却是有目共睹的，多年后，她那一身经典的旗袍还被人们纷纷效访。还有，那个因为自己太胖，而在青春时代不敢穿裙子、不敢上体育课、不敢跑步的张越。多年以后，还是凭借自己独特的才气走到了中央电视台的聚光灯下。

亦舒说过："真正自信的青春，是最自然的自我舒展，它不在于拥有过什么，有多少值得炫耀的资本，去过什么地方，有多少美丽的华服，买过什么珠宝，因为它没有自卑感。"

青春里的我们，每个人都是独一无二的存在，都是最好的存在。

青春多美好，所以不要再深深地厌恶现在的这个自己，不要在青春有限的时间里，拼命地向前奔跑，去追逐那个不属于自己的自己，不要试图丢掉现在的自己。而是每天练习着告诉自己：现在的自己，就是最好的自己。

只要我们愿意接纳自己，别人自然就会接纳我们。因为，"你若盛开，清风自来。"

长大后，在最了解的自己里尽情"妖娆"

1. 最适合的东西，才最舒心

人们都说生活就像鞋子，舒适与否，只有自己知道，青春于我们，也只有自己知道。有时候，青春的迷茫就是因为我们选择了原本不适合自己的路而行走，最后就算到达了目的地，留给自己的却不一定是想象中的感受与心境，因为当我们穿着别人的鞋子走路时，一定会失去舒适感和畅快感。

经历过青春的彷徨迷茫和痛苦之后，我们都慢慢长大了，就像是化蝶一般，我们终于能够以一种强大的心态和毅力来面对人世间的一切风风雨雨了。而真正成熟起来的我们也明白了一个道理：人生也好，生活也罢，大可不必强求，最适合自己的东西，才是自然与协调的美，才是最舒心的。

还记得青春里的我们吗？因为虚荣而在攀比之中失去自己的本色，比如，喜欢把不适合自己的衣服穿在身上，奇怪为什么别人穿上去很漂亮，而自己穿上去却并不那么好看；模仿别人的时尚发型，可不知道为什么别人就能展现出一种高贵优雅的气质，而放在自己的头上，却那么别扭。就像植物学上说的一样，梅花在北方花开不败，但到南方种植存活率就很低；栀子花在南方长势喜人，移植到北方就病快快的。

无论是人是物，最美的盛开都是在适合的环境中。

看过这样一个小故事：一个女孩因为没有考上大学，被家里安排在当地的机关做会计，后来由于工作无法胜任被辞退，沮丧悲痛之际母亲告诉她，没有必要因此而伤心，也许有更适合的工作在等着她。

后来，女孩先后做过很多工作，都以失败告终，但母亲始终安慰她，从未曾抱怨。二十二岁时，女孩凭借自己的文学天赋，成了一名编辑，三年后，她出版了自己的第一部图书，这时的她，已是一位小有名气的作家了。

成功后的女孩问母亲，为什么当自己对前途渺茫的时候，母亲却一直没有失去对自己的信心？母亲的回答很简单，她说，因为你是一块地，总会有一粒种子适合你生长。

我们也是一块地，总会有一粒种子适合它。我们的青春该如何成长，关键是要找到适合自己的种子。其实，青春就是寻找适合自己种子的过程，这是一条渺茫而无法预期的道路，谁也不知道前方到底有什么在等着我们，但我们知道，摸索着走过时，必定会在没来的某一时刻、某一地点找到适合自己的种子。只要找到它，我们的青春就没白来，因为，这粒种子是真正为我们而生、为我们而长的。

紫萱和青青是一对好朋友，她们属于发小。当年在她们生活的那个小县城里，每一天上学放学的路上，都会出现她们两个手牵手走过青石板的身影。

从小到大，她们从未有过分歧，也从未红过脸。仅仅只有一次，是在报考大学的时候，成绩优异的青青突然告诉紫萱她要放弃考大学的决定，一贯要强的紫萱听后分外吃惊，极力劝她不要放弃，可是紫萱的苦口婆心还是无法换来青青的觉醒，紫萱一气之下跟青青翻脸，告诉她如果不考大学，她们从此分道扬镳。青青听后却不紧不慢地说："我无法听从你的决定，我的想法和你不同，每个人都有适合自己的东西，就让我过自己想要的生活吧。"

就此，她们真的分道扬镳了。紫萱的人生在她的计划中顺利进行：

重点大学，研究生，博士，白领……多年来一路所向披靡，终于实现了自己的梦想，在一线城市过着衣食无忧的小资生活。

紫萱的青春，就像是一列疾驰而过的火车，走过一个又一个目标，似乎从未停止。而青青，后来在家乡的县城里开了一个豆腐厂，心满意足地过着自己认为还不错的生活。更不可思议的是，她竟然嫁给了一个老实巴交的农民，现在已经是三岁孩子的妈了。

那年紫萱五一回家，是被父母逼回去的，在听完两位老人给她讲了女大当嫁的道理后，紫萱终于明白父母这次让自己回来的目的很显然是要"逼婚"。最后，他们给紫萱留下一句话：如果不赶紧嫁出去，就马上回县城相亲。

就在紫萱极其郁闷无助之际，青青带着孩子来看她。看着眼前的青青，紫萱差点没认出来：一头老气横秋的短发，完全走样的身材穿着宽大的衣服，已经不再是当年那个娇小可爱的女孩。她的儿子倒是十分可爱，蹦蹦跳跳，又笑又闹的，没有一刻的安宁。

吃饭的时候，因为儿子太淘气，一顿饭吃得像是打仗一般。青青忙着照顾孩子，一口热乎饭都没吃，小家伙在吃喝之际，还不忘记时不时地亲吻青青的脸。青青半是无奈半是喜悦，一脸哭笑不得的表情。

但是，紫萱能看出青青脸上洋溢的幸福，就连爸妈在青青走后，也不住地以一种羡慕的口吻劝紫萱也赶紧考虑下一代的问题。

为了逃避父母的唠叨，紫萱借口去青青家溜了出来。青青的豆腐厂并不大，看上去是个手工作坊，但是院子里的环境还不错，想必也是她精心修正过的，绿树成荫，鸟语花香，有点世外桃源的感觉。

紫萱进去的时候，青青正在指导一个工人磨豆腐，紫萱默默地注视着他们。青青语气温和，手搭在对方的肩膀上，一副很耐心的样子，那个工人用钦佩的目光注视着她，并不住地点着头。紫萱忽然被感动了：多年以后，这个看上去土里土气的青青，也许会蜕变成一个优雅迷人的女人。

看到紫萱的到来，青青很开心，她们边走边聊，不一会便来到青青的家里。那是一个充满生活情趣的小小院落，种满了蔬菜水果，鸡鸭悠闲地在院里晃悠，边上的两棵树中间还挂着一架秋千，孩子正坐在秋千上随风荡漾着。

青青一脸幸福地说："能在这里和丈夫孩子生活一辈子，我感觉很满足。"紫萱问青青："孩子三岁了，为什么不让他赶紧上学？"

青青却说："何必活得那么累，每一个生命阶段的成长都应该自然随缘，太刻意反倒违背生命的常理。每个人都有适合自己的生活方式，所以我们才如此不一样。"

青青说这些话的时候，脸上泛出一种如天使般平静柔和的光芒，仿佛她的孩子就是她院子里种的那些花草树木，要给他生命的自由，让他在人生最美的日子里，安静地做梦，自在地发芽，恬静地成长。

紫萱对青青说："青青，我忽然有些羡慕你了。"青青笑着回答："其实，我也曾经羡慕过你的青春，每一步都掷地有声，但是，现在的我终于发现，每一个人都有属于自己的青春，各有各的方向，各有各的方式，但无论是哪种青春，只要适合自己的就是最好的。"是的，最适合的，才是最舒心的，青春也是一样。

可是，很多时候，青春里的我们，因为羡慕着别人的生活，而忘记了享受那一刻曾经摆在眼前的美好时光。

这可能是我们回想起青春来最深的遗憾吧。我们内心怀抱着自己的梦想，而现实却过着"大多数人都是这样子"的生活，可是，我们又不知道自己为什么也要这样子。我们都曾有过这样挣扎的时刻，所以我们的青春最后往往活在了刻意的"不舒心"里。

人们都说生活就像鞋子，舒适与否，只有自己知道，青春于我们，也只有自己知道。有时候，青春的迷茫就是因为我们选择了原本不适合自己的路而行走，最后就算到达了目的地，留给自己的却不一定是想象中的感受与心境，因为当我们穿着别人的鞋子走路时，一定会失去舒适感和畅快感。

其实，每一个人的青春都有一个最适合自己的位置，找对了当然值得庆幸。但如果找错了，不妨换个方向再试试，去寻找人生的另一个突破口，找到属于你自己的那粒种子……

2. 青春的色彩，需要留白才不拥挤

其实，每一段青春都是不可复制的，如果一路不停歇地以狂奔的姿势前进，想必会错过很多美好的瞬间。有人说，青春就应该是充实的，其实，真正的充实人生不可或缺的还是一份"轻松快乐"的心境，要努力奋斗，也要懂得感悟和享受，步伐迈得慢一点，给自己一个慢慢成长的机会，而不是不留一丝缝隙地填满自己的青春。

很多人都在高喊着"青春不留白"的口号，以为只有装得满满的青春，让每一秒都落地有声、每一秒都熠熠生辉的青春，才是真正不白来的青春。

所以，我们的青春之路，多少走得还是有一些累。

青春，就像是一场盛宴，朝阳初生，人世间的繁华扑面而来，各种诉求和诱惑接踵而至。不知不觉地，我们的青春也都成了一场又一场梦想的出场与落幕，或被动，或主动，有时总是失去了一份这个年龄段本该有的自然与纯真。

其实，我们的青春就应该像一幅淡雅的水墨画，时而激情昂扬、鱼跃龙腾，时而纯净悠然，舒朗简易，抑或自然天成，恰当留白。而最美好的地方，便是留白。那一笔留白，是为了给予青春更好的

生长空间。

　　青春，就应该在无限的想象中让心灵不断丰盈起来，这种想象只是一种生命成长最自然的状态，并不需要具体去实现什么，正如"此时无声胜有声"的意境一般，我们的青春，就应该保留一份浑然天成的味道。

　　所谓留白的成长空间，就是不刻意，不强求，不随波，不流俗。走好青春的每一步路，但是，绝不为了活得像别人一样，绝不为了活出别人眼里最好的自己，而强求自己选择不适合自己的生活方式。

　　青春，就像是一朵花的开放，最美的时候，不是含苞待放的时候，也不是尽情怒放的时候，正是半开未开，一步步探索着舒展开来的时候。比如，走过青春的我们，有的人似乎习惯于无止境的挥霍，所以青春在他眼前，总是迟迟不肯探出花苞，吐出花蕊，没有努力过，自然也没有任何收获，所以他的青春注定永远处于"含苞待放"的状态。

　　还有的人，习惯于把整个青春都填得满满的，不断地给自己施加压力，在重压之下，走过必考重点的初中，来到必考名牌大学的高中，又来到备战研究生的大学，一路走来，除了重点就是学历，除了学历就是奖励，除了奖励就是荣誉……似乎青春就应该是一列永不停息的列车，需要不断证明自己才能真实存在。所以他们的青春，注定要在怒放中疲惫。

　　而有些人的青春，努力而积极，脚踏实地地做着眼前自己本应该做好的事情，一切尽力而为，该奋斗时毫不懈怠，该放松时毫不桎梏，不为了那些不切实际的梦想而刻意改变自己心底最真实的需要，更不会为了活出别人眼里的自己而强求自己选择不适合的生活方式。他们很清楚自己的青春应该如何选择，而且，一旦做出选择，无论结局如何，都绝不后悔。他们敢做敢当，敢面对敢承担，他们还懂得，青春塞得太满，反倒会影响生命最自然健康的成长。

因为，青春的色彩，需要留白才不拥挤。

念念从小家境就比较好，又很爱美，所以，青春期的她特别喜欢买东西。比如衣服，每年都会换一批，甚至每一季的衣服都要买新款，所以念念的衣橱里总是塞得满满的；比如书籍，念念一直都有阅读的习惯，可当她放了满满一书柜的书时，却发现很多书压根儿就没看；比如护肤品，为了保养皮肤，买了大量的护肤品，可是很多用了两次就再也没动过。

朋友们都说她是购物狂，一直以来她都没有改掉这一癖好。念念喜欢自己的青春，被很多很多东西满满当当地填满的感觉。

这个"填满"的习惯。其实一直困扰着念念，让她的青春生活得很不快乐，很累。后来，这种恶习甚至占据了她全部的精神生活，后来她甚至在学习工作之余报了很多的班，瑜伽，拉丁，围棋，古筝，跆拳道，韩语……可是，最后居然没有一个能真正坚持下来。

念念感觉自己就像守财奴一样守着这些东西度过了整个青春。这其中也包括一些"食之无味弃之可惜"的鸡肋，生活一天天被填满，她几乎失去了所有的时间和空间，像得了强迫症一样，被挤得喘不过气来。每到一个陌生的地方，无论是旅游还是工作，回来时都会满满当当地带着她在那个陌生城市搜集的物品，装满大旅行箱。她所应该拥有的单纯美好的青春，在这种高压强迫下变得面目全非，心灵也变得越来越空虚了。念念心中充满困扰，对于这种带点强迫症的习惯，她不知道自己该怎么办。

其实，每一段青春都是不可复制的，如果一路不停歇地以狂奔的姿势前进，想必会错过很多美好的瞬间。有人说，青春就应该是充实的，其实，真正充实的人生不能或缺的还是一份"轻松快乐"的心境，要努力奋斗，也要懂得感悟和享受，步伐迈得慢一点，给自己一个慢慢成长的机会，而不是不留一丝缝隙地填满自己的青春。

青春真的就应该像中国画中的留白技法，一张淡雅的画面中，疏疏朗朗的几笔山水花鸟，而正是那一点留白之处，却烘托出了真正传神留韵的景致，更给人流下了无限的遐想。青春也莫不如此，在这段人生最好的时光里，不要过早地被红尘里的名利迷了眼，不要过早地摘下还没有成熟的青苹果，给自己的日子适当地留些空白，去静静地聆听青春慢慢开放的声音，岂不更美？

就像林语堂曾经说过的一样：生命别太拥挤，岁月会更加的精彩。

3. 想要实现梦想，就赶紧从梦中醒来

青春，其实就是"一场梦来了又走了"的循环。酝酿一个梦想，随着世事变迁梦想渐渐走向破灭，接着另一个梦想粉墨登场！而想要找到真正适合自己的梦想，就必须先从不切实际的梦想中醒来。

曾经奢望着，青春的梦，可以永远都不要醒来。

那些年，一脸青春痘的我们活在青春的梦里，不愿意去思量现实。因为在梦里，我么可以忘记人间冷暖，我们相信誓言永不改变，我们相信情感永不凋零，我们相信自己就是童话里的王子公主，我们相信自己永远年轻，我们相信可以一直活在父母的庇护下，我们相信世界上没有我们办不成的事，我们相信只要我们愿意，就可以拥有一切想要的东西……

而青春的梦想，也总是游移不定的。从初中到高中，从高中到大学，从大学到工作，我们马不停蹄地在成长的路上一次次更迭着自己的梦想，而梦想的每一次更迭，都伴随着一个又一个梦想的夭折与坠落。

青春本来就是一场美丽的梦。可青春时节，在很多事情上是自己无法预料，也无法掌握的。青春在梦中的时候，憧憬着的往往是醒来时的惊喜，可醒来后才发现，一切并不是想象的那样，越是想真正把握那一场梦境，却越是无法睁开困涩的眼睛。当青春在梦醒时分恍惚时，我们也陷入了迷茫，不知道梦里梦外，哪个才是我们应该拥有的人生？于是我们在无比艰难的抉择，和难以名状的苦涩中，变得彷徨不安。

比如青春时的情感。曾经那么认真地坚持爱一个人，梦想着厮守一生，可最后换来的却是彼此伤害，玉石俱焚。梦醒后才发现，不是所有的坚持都可以等来一场盛开一生的爱情。而想要找到真正与自己携手一生的人，只有从痛苦的梦中醒来，选择痛快地放弃，不再念念不忘，才能以一种全新的姿态去开始下一场真正属于自己的梦……

这就是所谓的"想要实现梦想，就赶紧从梦中醒来"的真正含义。

青春不可能总是在梦里，青春总会从梦中醒来。当我们从梦中醒来，当人生自梦中慢慢清晰，我们才发现，曾经的那些梦，真的是那么的幼稚，一个人在不同的年龄段总有不同的人生观点和感悟，看过太多的人生风景，人的要求自然会慢慢上升到一个高度，这也是事物成长的必然。

细细看来，这也未尝不是一件好事。没有梦想的青春是虚空的，仅有梦想的青春是苍白的，而能实现梦想的青春才是真实的。谁在青春里没有做过梦，梦想和相貌资历无关，尽管身在青春的小柯只是一个名副其实的屌丝，但是，他觉得自己也有做梦的权利。

所以，高中生活刚刚结束后，小柯便从农村来到重庆工作，从一个捧着书本坐在教室的学生变成了工厂的工人。第一天上班，那些工友们像看怪物似的看着小柯，然后说了句让他备受打击的话："小孩也来干活呀！"

　　那一段时间里，小柯怀揣着梦想，在这座城市里开始了青春的奋斗。一直以来，小柯的梦想就是希望可以通过自己的努力，开一家属于自己的工厂，然后找一个心爱的女人，结婚生子。期待着在不久的将来，这些梦能逐一实现。所以，他总是一个人努力地工作、默默的生活，从不曾忘记年少痴狂闯荡的激情。

　　从下定决心要走到外面的世界开始，小柯就一直在这里，不经意间五年的时间过去了，在这五年的青春里，小柯经历着梦想的潮起潮落，可不知道为什么，他的努力就是换不来自己想要的结果，残酷无情的现实，将梦摧毁，梦把心撕碎。而梦醒时分，他的心头还是涌起了一丝苦涩。

　　他不想追究梦想为什么没有实现，因为很多人的青春，都曾怀揣着美丽的梦，最后却只能接受碌碌无为的结果。又有多少人的青春，在父母寄予莫大希望的眼神中，一直过着寄人篱下般的打工生活。

　　在工友里，有一个男孩和小柯感情很好，他们总是在忙碌的工作之余相约去消遣。那时男孩总是会和小柯说起他的梦想：挣点钱，买套二手房，买辆二手车……每每说到这里，小柯总会调侃他一句：再娶个二手老婆。然后，他们相视苦笑。

　　后来，在经历了三年的等待之后，这位兄弟放弃了遥不可及的梦，在梦醒后返乡了。听说他现在真的已经在家乡买了二手房，二手车，而且，还娶了一个一手的老婆……小柯为他感到欣慰，他在不切实际的梦醒后，实现了真正属于自己的梦。

　　而小柯自己，却固执地留在梦里，任凭时光剥夺着他的青春与梦想。每天，小柯晃悠在那条上班的小路，看着身边匆匆而过的行人，看着那些像自己当年一样年轻豪迈的面孔，和潇洒活泼的身影，忽然感觉这一切竟如此的熟悉，而这种似曾熟悉的感觉似乎已经开始慢慢走向了青春的落幕。

青春的梦，总有醒来的时候。梦做得太久了，人会累，流浪的心累了，与其让它在自卑中搁浅，不如找到一个可以停泊的港湾，把梦想的负累卸下来，结束一场梦，是为了另一场梦的开始。换一种生活方式，也许就是一种生命的出口。

逝去的青春没人能为我挽回，未来的人生也没人能替我走完。小柯知道，自己现在需要做的，就是靠勇气去面对眼前的现实，结束现在没有希望的梦想，在青春的后半段，去开始一段真正能够把握的人生……

青春，其实就是"一场梦来了又走了"的循环。酝酿一个梦想，随着世事变迁梦想渐渐走向破灭，接着另一个梦想粉墨登场！而想要找到真正适合自己的梦想，就必须先从不切实际的梦想中醒来。

都说青春苦短，在这段我们不知道是怎么走过来的人生路上，回首之后才发现，原来一直以来，我们都在走着不该走的忧伤路，做着不切实际的青涩梦，哼着不着调的自卑曲。但是，青春也因此才变得丰富多彩，不是吗？

青春，是一个人纯洁无瑕的涉世之初，刚认识这个世界，一切都是新鲜的，一度以为自己梦想什么就可以拥有什么。随着年龄渐长，经历的世事渐多，才发现很多事情并不像曾经想象得那么简单，有些东西也不是你想得到就一定可以拥有的，每一个精心酝酿的梦想随时都有破灭的可能。

进入这个阶段的青春，我们是焦虑的，忐忑的，疑问的，彷徨的，迷茫的。好像所有的感觉都已经改变，我们不愿意再轻易地相信什么，眼里心底的梦想不再是单纯而轻快的。

这个时候，我们的头脑里就会出现两种思维。第一种思维方式认为，我们之前为梦想所做的努力都已付诸流水，是命运捉弄了我们，人生所有的梦想已经到了终点，不会再有新的希望升腾。而第二种思维方式认为，只要通过自己的修炼，完全可以茅塞顿开，回归自然。青春本来就是做梦的年纪，在寻梦的路上，一个梦接着又一个梦的诞生与破灭，本身就是寻寻觅觅间慢慢成长起来的蜕变。当我们真正长大的时候，就会发现，原来曾经的那些梦想，无论现在有没有实现，它都是让我们历练成熟起来的资本。

在做梦时欢笑，在梦醒时思索，便是最美丽的青春。

4. 越来越了解自己的时候，便不再"犯贱"

白岩松说："人有时候走着走着，就忘记了自己是为什么出发的。"所以青春里的我们，现在就需要静下心来，挖掘自己的特质，回归最真实的需要，发现自己身上的惊喜，给自己足够的信心，来激活青春的潜能。

青春，其实就是在一次次挫败后，越来越了解自己的过程。

还记得不够了解自己的时候，我们一度活得很渺茫，活得很无助，活得没有一点主见。我们渴望被人相信被人欣赏，似乎只有通过别人的肯定，我们才能找到心底的自信。

是的，就是因为青春里的我们，还不够了解自己，所以我们总是会在"犯贱"中一次次受伤。

其实，如果没有人相信我们，我们完全可以自己相信自己；如果没人欣赏我们，我们也可以自己欣赏自己；如果没人肯定我们，那就不妨自己肯定自己。因为，当我们用心去触摸那个最真实的自己，当我们开始读懂自己、了解自己的时候，才能寻找到真正属于自己的人生舞台。

那些青春的日子，谁不曾像个鲁莽的孩子一样，做着自己认为对的事情。可不断的失败和痛苦之后才发现，因为曾经的不了解自己，才一次又一次被"犯贱"的伤害击中。

小剑就是这样的男孩。青春时的他性格很冲动，一度为了一丁点小事就和朋友反目成仇；青春时的他很固执，就算知道自己做错了，都不肯服软；青春时的他过于自以为是，有一点点资本，就可以骄傲得目中无人；青春时的他爱转牛角尖，本来发现对方已经不爱自己了，可还是执意不肯放手；青春时的他喜欢耍点小聪明，以为所有的人都已经被他把玩在股掌之中；他还发现自己不懂得珍惜亲人们的信任，总以为这是理所当然的……

当然，值得庆幸的是，当小剑了解了自己的缺点后，他也正在慢慢了解自己的优点。比如，他发现其实自己有时候骨子里有一股韧劲，只要认定的事情就一定会尽力做到最好；他发现有时其实也是可以慢慢培养自己的耐力和承受压力的极限的；其实他在文学方面还是很有天赋的，只要坚持，就一定可以做一个真正懂得如何把握文字的人；甚至，他发现自己有说服别人的杰出的口才，那是一种与生俱来的亲和力，不是谁都能拥有的。

所以，十几岁的时候，小剑特别在意别人对自己的看法，每当面对别人的白眼和非议时，都会感觉那是一种莫大的伤害。而现在，只要自己认定该做的事情，就是别人给他扔过来再多的打击，他也是一笑而过。

身边的朋友对小剑的改变都表示诧异，他们经常问他：你为什么可以如此淡定，是什么让你那么了解自己？

小剑想说，是阅历，是一次又一次因不了解自己跌倒又爬起来的阅历，让他慢慢看懂了自己，也看懂了很多事情。

正青春的那些年，小剑总是很在意别人眼中的自己是一个什么样的形象，总是很慌乱地不假思索地表达着自己，希望可以得到别人的认可，可是他的鲁莽却成了别人眼里的笑话。再后来，他又急着去评价和关注别人，可他连自己都不了解，又有什么资格去评价别人？

幸运的是，那些年，小剑身边总有一些朋友，每当他不知所以然地表达着自己的时候，他们总会在身边提醒他。让他一天又一天地看清了自己的无知、自私、轻浮，以及自己种种心底深处的自卑感。所以，那段成长蜕变的日子里，小剑在慢慢了解自己中感受着疼痛：本以为自己是最好的，可后来却发现"原来我真的很不好"；本以为自己可以做到的事情，可后来却发现"原来我什么都做不好"；本以为自己可以拥有很多骄傲的资本，可后来却发现"原来我真的一无所有"……看着这些真实的自己，小剑的心情真的很不好，可是他知道自己必须接受这样的现实，也许是以前的自己太自负了，所以上帝才让他看到自己的愚昧吧。

疼痛慢慢过去，小剑发现自己真的蜕变了，不知什么时候开始，他突然觉得自己长大了，活得更像自己了。他不再留意别人的评价，因为，没有谁比他更了解自己，他不需要通过别人的评价来认识自己，所以他也不会再为了别人眼里的自己而活着，更不会再为了别人的需要而"自我犯贱"。

在青春成长的过程中，最需要学习的，不是拼命地展示最美的自己，而是努力去了解最真实的自己。如果一个人还不够了解自己，就开始展示自己，那样不仅自己感觉很累，别人也会感觉你看上去很别扭。这个才是青春变得迷茫的真正原因。

现在的小剑终于明白，最好的青春，是应该更多地去了解自己，只有自己看懂自己，接纳自己，才能真正赢得别人的信任和认可。因为在这个世界上，能够让心灵强大起来的，除了自己，没有别人。

青春总是在慢慢地成长中升华，在临近青春的尾声时忽然明白自己是谁，真是一件让人倍感欣慰的事。

西方有句谚语说过："只要你足够了解自己，每个人都是奇迹。"了解自己，首先是为了发现自己，因为每个人的身上都有无数的潜能，尤其是青春时的我们，但是大多数时候却被我们忽略了。所以，青春这一路走来，就是为了发掘和探索我们自己身上坐拥的宝藏，这样，未来的人生路上才能走得更加明白，知道自己到底需要什么，适合什么。

白岩松说："人有时候走着走着，就忘记了自己是为什么出发的。"所以青春里的我们，现在就需要静下心来，挖掘自己的特质，回归最真实的需要，发现自己身上的惊喜，给自己足够的信心，来激活青春的潜能。

还有，了解自己更是为了保护自己。我们生活的世界原本纷繁复杂，当我们不了解自己的时候，任何事情都会成为伤害我们的根源，知己知彼百战百胜，说的就是这个道理。比如，当我们想要去做一件事情的时候，如果不了解自己，必然会没头没脑、不假思索地开始行动，惨败自是注定的结局。但是，如果我们足够了解自己，就会先理性地分析事情的来龙去脉，然后针对自己的实际情况进行斟酌，如自己的特长适不适合做这件事情、如果中间出现状况怎么应对，等等，这样一来，事情必然会在一种理性的把握中进行，也就可以把自我伤害的可能性降到最低。

所以，在热闹华丽的青春里，我们不妨关掉外界的各种喧闹，拉上窗帘，将身体舒展，然后对自己说：无论别人的眼里我是什么样的，我只想了解最真实的自己，我只要找到最真实的自己，这很重要。

5. 不再漠视，那些生命里最爱我们的人

　　我们总是用尽整个青春才会明白，其实，真正陪伴着我们度过青春的人，就是双手布满老茧的父母，而那每一道茧子，都是他们搀扶着我们走过人生时留下来的印痕。在成长路上，我们的每一次消沉，每一次失落，每一次绝望，如果没有父母的爱作为坚强的后盾，我们又怎么会支撑着走过来呢？

　　我们总是用尽整个青春才会明白，曾经被我们漠视了的那些生命里最爱我们的人，是如此的珍贵。就像亲情，它仿佛是我们青春中静候的小站，一直陪伴在我们的身边……

　　记得那个时候不谙世事的我们，用自己叛逆的青春期与父母做着无谓的对抗，我们认为亲情束缚了我们的自由，我们渴望着有一天可以褪掉青涩的羽毛，展翅高飞，飞离他们用爱为我们铸起的高高的围墙，飞到自己想要的自由里。

　　可是慢慢长大后，才发现，其实真正陪伴着我们度过整个青春的人，就是双手布满老茧的父母，而那每一道茧子，都是他们搀扶着我们走过人生时留下的印痕。在成长路上，我们的每一次消沉，每一次失落，每一次绝望，如果没有父母的爱作为坚强的后盾，我们又怎么会支撑着走过来呢？

　　青春里的我们，一度幼稚地以为爱情就是我们的全部，但是受尽爱情的伤后，才明白，世上任何情感在亲情面前都变得黯然无光，而我们最容易忽视的就是身边最爱我们的父母。曾记得看过这样一段感人的对话：

　　儿子："爸妈，我需要钱。"

　　妈妈："儿子，你需要多少钱。"

儿子："一千块。"

爸爸接着说："多给一千吧，出门在外日子不好过，而且用钱的地方也多。"

第二天，儿子的卡上多了两千块。

这个熟悉的画面，我们在青春时都曾经历过。那时的我们，像一只嗷嗷待哺的小鸟一般，只知道在需要钱的时候开口问父母索取，而我们却从未真正了解他们是如何面朝黄土背朝天地辛苦劳作，无怨无悔地默默付出着。也没有想过他们有苦不言是为了什么，更没有看到他们爬满皱纹的脸庞和早已苍白的头发。

如今，在青春里长大的我们，再回头时，看着那时被我们伤过的父母，看着那时被我们漠视的生命里最爱我们的人，早已泪流满面……

雨晴是一个生性叛逆的女孩。她的青春就像是一颗张牙舞爪的仙人掌，长满了刺，无情地刺痛了母亲。而多年后，每当想起那时的事情，她的内心总会被难以言喻的愧疚充满。

十四岁那年，母亲下岗了。那时的母亲很无助，可是雨晴看到的却不是母亲的无助，而是母亲的无能。尤其是当母亲在找不到工作满面愁容时，雨晴心里总是很厌烦，怪母亲太没有本事，无法给家人富足殷实的生活。每次看到她的冷眼，母亲总是躲闪着她的目光，一副不知所措的样子。

过了一段时间，母亲回到家，一脸兴奋地对雨晴说，她找到工作了，在一家饭店做清洁工。

母亲的这份工作，深深地刺痛了雨晴的自尊。

那时的雨晴还是一个重点中学的尖子生，年少青涩爱虚荣，身边很多同学的父母都是达官贵族。每当看到他们在一起谈论自己的家庭，雨晴都会悄悄地躲起来，他们家境的优越像一把刀子，扎在雨晴的心上，她从不敢提及她的家庭，更不敢面对父母是工人的事实。尤其是做清洁工的母亲，她的职业成了雨晴的耻辱。

一次和同学相约出去吃饭，席间一群女生叽叽喳喳地聊着天。忽然雨晴旁边一个女同学压低嗓子说，前面那个正在打扫卫生的女人，好像是你妈妈啊……

雨晴慌乱地顺着女同学的手势看过去，她看见母亲正在打扫一桌子残羹冷炙，旁边放着一个臭气熏天的垃圾桶，母亲一边收拾碗筷，一边忙着将剩余的饭菜倒进旁边那个垃圾桶。难忍的羞辱感，让雨晴眩晕到无法站立。她恨恨地看了母亲一眼，母亲也看到了她，慌乱地低着头走开了。

那天晚上，回到家里，雨晴咆哮着对母亲说，"以后别再去做清洁工了，真丢人现眼！"母亲委屈地看着雨晴，一言不发地坐在床上。父亲看不下去了，挥起手要打雨晴，母亲出于本能地冲上去拉着父亲，横在雨晴面前，护犊子般保护着她。父亲生气地吼着："你怎么能看不起你妈妈？她这样做都是为了这个家，为了你啊。""她让我丢尽了脸！"雨晴满是委屈。"那好，你觉得我们给你丢脸，你可以去找别人做你的父母！"父亲怒了。

转头之际，雨晴看到母亲的眼泪滑过。可是那时的她太叛逆了，漠视着生命中最爱自己的人，对母亲的眼泪没有一丝心疼。入睡前，母亲怕雨晴冷，拿来一个毛毯想要盖在她身上，雨晴心里突然感觉很厌恶，一把推开了母亲，并冲着她吼："走开！"母亲呆若木鸡，再一次泪流满面。现在想起那个镜头，雨晴心里真的很愧疚很疼痛，可当时的她，心里只有自己的虚荣。

有人说，青春期堪比"更年期"，处于这个蜕变期的雨晴，真的很不可理喻。那一段时间，为了逃避母亲，她花着高额的费用住进了学生宿舍。可雨晴不知道，那时的父母赚钱有多么艰难，她从来没有体谅过他们，只在意自己的感受。

一天母亲忽然来学校找雨晴，并告诉雨晴她不做清洁工了，现在在一条餐饮街上卖包子。雨晴不以为然地听着，并催促母亲赶快回去吧。望着母亲瘦弱的背影，雨晴忽然感觉到了母亲肩头的重担，母亲性格坚韧柔弱，而自己和父亲都是急躁而狂妄的人，所以母亲注定要承受来自家庭的压力。

整个青春期，雨晴性格乖僻。她讨厌所有比自己有优势的人，害怕自己的自卑被别人看到，极度排斥被人同情，习惯把自己蜷缩在一个无人的角落。她用她的自私与所有的人对抗，尤其是最爱她的父母。

一天，雨晴接到了邻居阿姨的电话，阿姨告诉她，母亲在匆忙赶往集市卖包子的路上出了车祸。那时雨晴第一次为了母亲而感到焦急，火速赶往医院，看到躺在病床上的母亲，身形瘦小，脸色苍白，脑门上缠着一块纱布，父亲焦灼地蹲在母亲身边。医生告诉雨晴，母亲的伤势不重，但是头部的伤会留下疤痕……顷刻间，雨晴心如刀割。

如果不是为了雨晴，母亲不会改行卖包子，也不会起早贪黑地骑着脚踏车走过无数个路口，只为了赶往集市抢占一个好位置，都是为了她。那一刻，雨晴泪如雨下。

后来母亲的脑门上真的留下一块大大的伤疤。那个伤疤似乎时刻在提醒着雨晴，亲情的可贵。

那年夏天，雨晴终于考上了梦寐以求的大学，坐火车去北京的那天，很多同学都来送行。本来和母亲说好了，自己先去车站，母亲随后就到，可是等了很久，都没有看见母亲的身影出现。

这时，雨晴看到邻居阿姨匆匆跑来递给她一张纸条，并告诉她母亲有事来不了啦。雨晴打开纸条，看到了母亲写给她的话："女儿，你能考上大学，妈妈真的为你骄傲，妈妈就不去送你了，我不想让你的同学们因为妈妈而看不起你，妈妈在心里默送你，我的女儿。"

雨晴再一次，泪如雨下。

十八岁的雨晴，终于长大了，她读懂了母亲的伤心，更深深明白，她叛逆的青春给母亲造成了多大的伤害，她要报答母亲，一定要报答母亲。

大一放假，雨晴准时回到家，这一次，她亲自为母亲做了一顿包子，放在母亲面前："妈妈，以前你每天都忙着做包子，今天，该我为你做一顿包子了，妈妈，你尝尝吧。"

母亲流泪笑着，嘴里满满地塞着雨晴为她做的包子，幸福地嚼着。

母亲额头上那块伤疤，似乎也在幸福地微笑着……

走过青春的我们，终于懂得，我们离不开亲情，就像高飞的风筝永远挣脱不了手里那根长长的线一样，我们依赖亲情，就像瓜果依赖藤蔓一样，缠绕着向上爬去，却从未想过离开。

青春里，我们看到的亲情，就是无论身处何处，总有一个人在灯下为你守候的温暖。它就像是一朵常开不败的鲜花，灿烂着我们的整个青春。所以，当我们开始进入青春的小站时，别忘记，在那个梦开始的地方，总有个人在为我们屹立守望着，守望着……

6. 在这大好的青春时光里，还不赶紧"怒放"

在这段精力旺盛的特殊时期，荷尔蒙在身体里疯狂燃烧带来的能量，让我们浑身上下有着使不完的劲儿。于是，年轻的我们尽情体会着狂野，虽然有时也还是会孤独，会感到彷徨和无助，但当我们低头的瞬间，却发现脚下的路已经不再迷乱，至少我们知道我们应该去的方向在哪里。

在每个人关于青春的留影中，都有一张抛帽子的毕业照。抛帽子的那一瞬间，我们毕业了，对四年的大学生活思绪万千，对即将步入的社会充满了无法预知的迷茫。

但是，不管怎样，抛起帽子，青春便有了一个新的开始，一段新的怒放……

没错，青春的季节，本应该就是阳光明媚，万物复苏，生命初绽花蕾的美好时刻。尤其当青春走到这一步，经历过无数的迷茫和焦虑，迎来的自然便是蛰伏蜕变后生命的怒放。

走过纯情岁月，我们终于长大了，生命之光在这充溢着活力的年岁里灿烂。真正成熟起来的青春，没有什么能够阻挡我们对自由的向往，这种自由不再是肆意挥霍的自由，也不再是狂躁颓废的自由。就像许巍在《蓝莲花》中唱到的一样，"我们追求着天马行空的生涯，它如此地清澈高远，盛开着永不凋零的梦想。"而此刻的梦想，想必已经不再迷茫，经过青春前半段的经历、蛰伏和等待，已经变得清晰无比了吧。

在这段精力旺盛的特殊时期，荷尔蒙在身体里疯狂燃烧带来的能量，让我们浑身上下有着使不完的劲儿。于是，年轻的我们尽情体会着狂野，虽然有时也还是会孤独，会感到彷徨和无助，但当我们低头的瞬间，却发现脚下的路已经不再迷乱，至少我们知道我们应该去的方向在哪里。

关键是，我们绝对不允许青春这奔腾如流水的时光，在颓废中走向生命的尽头。因为我们还要扬着青春的帆，去怒放自己的激情，这就是意气风发的我们，留给青春的最好答案。

安然和悠月曾经是同事，她们都是大学毕业后开始进入同一家公司工作的。原本以为性格差异很大的两个人是不会成为朋友的。可是，刚刚22岁的悠月，在一个月的时间内经历了闪婚闪离两件人生大事，这让她和安然意外地成了朋友。也许是悠月太孤独，也许是安然作为女人的同情心，她们就这样成了无话不谈的朋友。

渐渐地，安然才发现，悠月的人生虽然很离谱，但是她的青春就如同一团火，一直在热烈地燃烧怒放着。

悠月说自己从小就是个"人来疯"，对一切事情都充满好奇，喜欢刺激冒险的生活，所以，当她还是十几岁的小女孩时，已经敢做很多男孩都不敢做的事情。曾经有一次为了保护被男生欺负的女生，她差点从十层高楼上摔下来。

上了高中后，悠月觉得自己就像是个浑身有着使不完的劲儿的马达，对一切事情都充满探索欲，她热爱生活，积极阳光，从来不知道什么叫绝望和颓废。她努力地学习，做着自己认为应该做的事情，她说，她的青春就像是一朵饱满的牡丹花，一直处于"怒放"的姿态，她喜欢并享受着这样的青春，她喜欢带着积极乐观的劲头去生活。

大二时，悠月恋爱了，她的爱情注定和别人不一样，她的爱情注定是浓烈而炙热的。所以，毕业后他们便迅速闪婚。可是婚后一个月，她发现，原来在结婚前丈夫已经有了外遇，只是没有告诉她而已。

于是，性格果敢的悠月，在闪婚一个月后选择了闪离。

对于一个生命始终处于怒放状态的她，这一点生活的挫折怎么会压垮她？

悠月的生日那天，是安然陪她过的。一进门，一缕淡淡的清香扑鼻而来。安然诧异，笑问香味从何而来。悠月豪放地大笑说："我担心离婚后心情太颓废，就养了点儿花来颐养性情。"顺着悠月的手指，安然望向了她家的阳台。只见，在洒满阳光的阳台上，并排放着三盆桂花，分别是乳白色、黄色、橙红，看上去像是被打了鸡血一般，争先恐后地全部开放，那股浓浓的桂花香，让人顿时神清气爽。安然打趣说："你不会是要跟这些花儿过一辈子吧。"悠月一笑："那有什么不可以的，我喜欢这种怒放的感觉，像极了我的性格，如果没有了这样激烈的青春姿态，我早被命运打趴下了。"
看着悠月一脸的笃定，安然忽然有些佩服她，这看上去哪像一个刚
离婚的女人啊。走进客厅，悠月为安然倒了一杯普洱，安然打趣说：
没想到你还懂茶道。悠月一笑："你以为我离婚后一定会特别无聊，
不知道如何打发日子，其实，我根本没有时间去悲伤，我现在还在
练瑜伽，周末还要上夜大，晚上要看书写作……我忙都忙不过来，
哪有闲心胡思乱想啊。"

　　看着乐观的悠月，安然心里越发佩服她，仔细打量悠月的家，
很整洁，没有一点离婚的气息，安然不禁问到："这么年轻就离婚，
你就一点都不难受吗？"悠月说："不难受是假的，有时，我会心
里不平衡，可在我的观念里，青春就应该是激越而热烈的，我不能
允许自己在颓废中荒废上天赋予我的青春时光，所以，我没有时间
去埋怨什么，只有努力，把自己的日子过好，我才能感觉到青春的
怒放和存在。"

　　安然钦佩地说："你像一个哲学家。"悠月一笑："青春的苦涩，
就是最好的成长。"

　　那一天，安然陪着悠月过了一个简单而快乐的生日。

　　想着悠月的生活，安然忽然明白了青春的意义到底是什么。真
正成熟的青春，就是能在郁闷和压抑的心情中一点点释然，找到生
活的自信和努力，更加去热爱生活的每一天，为自己和别人呈现出
一种怒放的姿态。

　　因为安然知道，在工作上，悠月一直很努力，是公司的骨干，
好多大家认为无法完成的工作，她都做到了，她用自己的毅力告诉
人们，怒放的生命里，没有做不到的事，只有不愿意做的事。在家里，
悠月是父母的全部，自己的事情从来不让父母操心，她也总是将最
积极乐观的一面展现在家人面前。悠月说过，离婚的确是一种伤害，

可是只要想让青春怒放，就一定能够怒放出最美的姿态来。

安然想到了一个更深的问题，都说苦难是成长的必经之路。其实，青春的疼痛，就如同化茧成蝶，过程虽然很煎熬，可是结果却那样美，就如同悠月最喜欢的那些怒放的桂花，每个人的青春不也是这样怒放着吗？

其实青春，本身就是一个蓬勃向上的词语。十几岁到二十几岁，令人羡慕的年龄，有不识愁滋味的青春活力，有充满无限遐想的头脑，有愿意为之付出一切的情感。"青春"这个让我们满载希望的词语，因为那份浑身使不完的力量，就算遇到挫折，遭受打击，我们依然可以甩着头大步迈向前，并且大声说：我还年轻，我怕谁，没有什么过不去的。在青春里，我们用尽自己的力量去绽放属于自己的姿态，无论最后结局如何，我们还是留下了一道亮丽的风景线，在这段生命必经的路口，这就够了。

是的，我们都在不一样的青春里，学会了昂扬成长和无畏向前。尽管那些年我们经常会为了生活的无奈而轻声叹息，然而当年月逝去，重新回忆过往，也许才会发现，青春的日子里，我们一直在灿烂中如花盛开。

因此，我们为了曾经的怒放而庆幸，在那个正值青春，正值年少的日子里，虽然也曾迷茫，但是我们从来没有忘记迎着曦晨的光奋力向前，不怕失败的沮丧，不怕无果的结局，青春不在于目的地，而在于过程的美好，年轻的愿望总有可能实现。因此，青春应该是一种激越的姿态。

那么，就让我们对青春说，我喜欢你，喜欢你阳光怒放的样子。

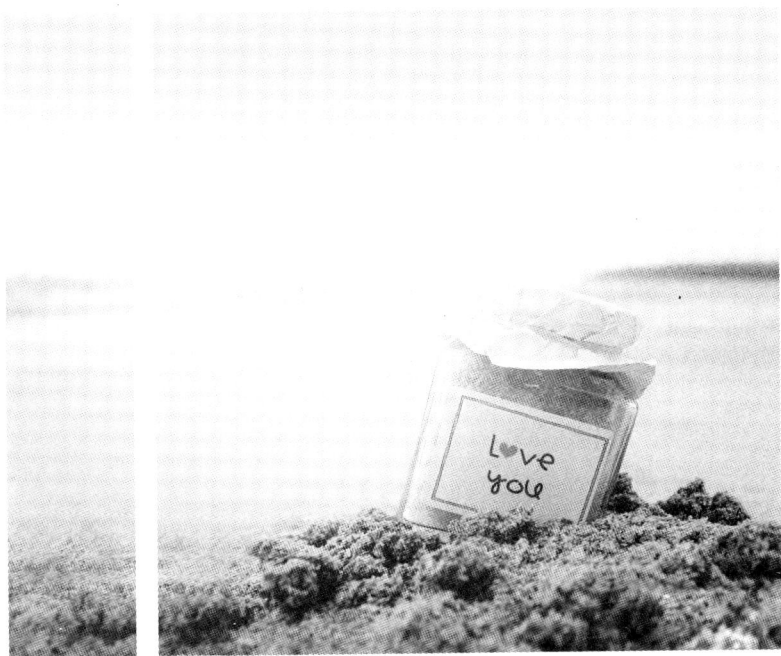

第八章

相信我们的青春，终将"剽悍"

1. 因为那些伤，才有了今天剽悍的我

我们应该庆幸自己，可以在伤害中成长，不是么？如果没有那些年不经意间出现在我们生命中的伤痛，又怎么会有"吃一堑，长一智"的生活阅历？又怎么会有今天不一样的自己？因为，任何一个生命的成熟，注定要经历无数的伤痛，才能完成化茧成蝶的蜕变。

有人说，青春就像麻疹。只有得过麻疹的人才会有更强的免疫力，也只有经历过青春伤痛的人，才会有气定神闲的定力，和剽悍强大的承受力，去面对人生路上有可能出现的一切状况。

那些伤害，成了青春的印记，被深深地刻在岁月的记忆中。现在看来似乎已经渐渐淡去，甚至忘记了那份伤痛曾经是多么蚀骨煎熬般的折磨。而当记忆的浪潮带着回忆泡哮而至，留在沙滩上，清晰而逼真地提醒着曾经的经历时才发现，正是因为有了那些伤害，正是因为有了当年那些让我们恨之入骨的人，才有了今天剽悍的自己。很多时候，伤害在青春的旅途中无法避免，所以我们的青春才会如此叛逆。但是，伤过之后的感悟，就是人生最美的经验和历练。

我们总应该感谢那些年，那些岁月，那些人，因为他们，我们才变得如此坚强；因为他们，我们才懂得真爱；因为他们，我们的生活不再乏味；因为他们，我们学会了甄别真假伪善；因为他们，我们不再轻易做任何决定；因为他们，我们真的长

大了。

青春，原本就是一场美丽的盛宴，在这里，我们会遇到很多人，很多事，能够相遇，于事于人，都是一种可遇而不可求的缘分。不管那个人在你的生活中充当了怎样的角色，也许他只是你生命的一个驿站，也许他是那个影响你一生的人，也许他曾经改变了你所有的人生轨迹。无论如何，他毕竟在我们的生命里出现过，因为曾经与我们的恩怨纠葛，所以如今才会铭记于心。没有多少人会给我们这样的感悟，是他们让我们一步一步走向成熟。

青春就是这样，慢慢成长起来的。

小强说自己的青春里，最想感谢的，就是那个他深爱过也恨过的女孩。

大学毕业那年，小强回到家乡广州做了一名机关公务员，工作体面薪水优厚，他很满意这样的生活。但是，唯一让他深感痛苦的，是和他在大二就开始相爱的女友，毕业后留在了北京，两地分居的他们，那段时间受尽了相思之苦。

而当小强在广州做公务员正做得得心应手的时候，女友强烈要求他辞职，去她所在的京城发展。尽管一开始小强很不情愿，舍不得丢开现在这份人人垂涎得之不易的工作，而且心里充满了对不可知未来的恐惧。但是为了捍卫一份常相厮守的甜蜜爱情，他咬咬牙毅然选择了辞职。初到京城的那段日子，小强抱着简历四处求职，却到处碰壁。京城昂贵的房租让他望而却步，于是只能选择住在地下室。

就在那段痛苦不堪昏天黑地的日子里，女友却因为小强没有工作而离开了他。所幸的是，这一切没有打倒他，反而让他有了一种想要做得更好的动力。于是，小强开始了艰苦的创业，起初他一边打工一边做写手，后来又做了杂志社的编辑，因为他的勤奋，很快便成了编辑部主任，最终有了一家自己的文化公司，他也总算在北京站稳了脚跟。

小强知道，他能一路披荆斩棘走过来，最终一步步取得现在的成就，归功于那个曾经伤害过他的女友。小强觉得，她就像是自己生命中的助跑者，因为有了她，自己才有机会来到北京发展，闯下一片属于自己的天地。

青春时的男孩女孩，谁没有受过伤？

小时候，青青是一个穷孩子，初中时还经常穿着破烂不堪的衣服上学，被同学们嘲笑是习以为常的事情。中学时，青青除了语文学得不错，其他功课都很差，那时的她最喜欢做的事情就是看小说，恨不得将所有的时间用来看小说，金庸的所有小说就是在那时候看完的。那时的数学老师一看见她就皱眉头，她知道自己是一个让老师头疼的学生。有一次，数学老师对青青说，只要她的数学能考到八十分，就给她足够的时间看小说。为了她的小说梦，她开始拼命学习，期末数学成绩公布，她居然考了九十分。可是老师却冷冷地丢过来两句话："别以为这次考了九十分就很了不起，你的底子太差，不用功就玩完了，你还有资格看小说？"

上高中时，青青喜欢上一个男孩，偷偷地写了一封情书递给男孩。男孩冰冷而轻蔑的眼神刺伤了青青，更没有想到的是，男孩居然把情书交给了老师。老师把青青叫到办公室，当着那么多人的面，说她是一个不正经的女孩子，并且非让她写检查，那一刻，她感受到了生命中最无法忍受的伤害。

毕业后，青青谈了两个男朋友，先后两次分手，自己遍体鳞伤，算是彻底斩断了青青对爱情的期待。无数个深夜，青青黯然地默默落泪。那时，她爱上了写诗，诗歌经常在杂志上发表，也因此而结识了和她有一样文学梦想的挚友，不曾想原本以为是举案齐眉的知音，最后却因为彼此意见的不统一，感情彻底决裂，从此分道扬镳。这些青春往事，似乎都是无尽的伤痕。

可是现在的青青，却从心底里感谢那些曾经伤害过自己的人们，因为有了他们，才有了今天的自己。

因为当年的贫穷而被人嘲笑，让她有了更多的动力去做更好的自己。

那个为了激发她提高数学成绩而无意伤害她的老师，尽管那时的青青恨极了她，可是现在的她知道，老师那样做是为了让自己的学习有所提高。如果没有那个老师，自己怎么会懂得人生不是只有一门语文课。

那个被她仇恨了很久的高中老师，尽管当时真的深深地伤害了自己，但是青青知道，老师是为了自己不被没有未来的幼稚恋情耽误了前途，为了让自己在该学习的时候好好学习，老师的举动看似是一种伤害，其实是一种变相的激发。

那些在爱情中伤害过她的人们，她曾经发誓这辈子不要再见到他们。但是，现在，青青和他们已经成了最好的朋友，多年后的释然让青青明白，是他们，让自己更加懂得什么是真正的爱情。如果没有当初毅然决然的分手，怎么能够重新获得机会去寻找生活中更适合自己的伴侣。

她同样很感谢那个与她决裂的挚友，当初青青留给他的是一个愤愤离去的背影，现在青青才明白，他留给自己的，是对人生最直接的忠告，如果没有挚友的直言，也许她永远都不会了解自己的那些不足之处。

是那些曾经伤害过她的人们，让她在青春的历练中，走向成熟，变得越来越强悍，让她有了更多的生活经验，让她更加了解自己，更加明白感恩的意义，更加懂得如何用宽容来面对人生的痛楚伤害。

因为有了那些伤，才有了今天的青青。那每一道划过青春的痕迹，都是她走向成熟的标志，不是吗？

在综艺节目《杨澜访谈录》中，有一期的专访嘉宾是梁家辉，节目的最后，当杨澜问梁家辉，有没有恨过那些在你年轻时曾经伤害过你的人。梁家辉是这样说的："曾经恨过，但是现在，我要感谢他们，是他们给我的那些经历，让我成为一个不平凡的自己。"

青春就是这样，只有经历了很多伤痛之后，才能真正明白自己到底该怎么活着。

青春里，我们都曾受过伤，也都曾伤害过别人。就像《天下无贼》里人们在说到傻根时的那句话一样，凭什么他就不能受到伤害？是啊，凭什么呢？只要有青春，就有成长，只要有成长就有矛盾，只要有矛盾就有挣扎，只要有挣扎就有伤害。是无数的伤害与被伤害，让我们真正地长大。

2. 人生，终将越来越清晰

进入后青春期的我们该如何把握自己的生活、工作、爱情，关键还是要先看清自己需要什么，适合什么，为什么而活着。只有先读懂自己，了解自己，真正明白了自己的优势和劣势之后，才能真正找回属于自己的人生……

青春原本就是一个成长蜕变的过程，人生会随着青春的成熟而变得越来越清晰。

那个时候的我们，都在经历着成长的疼痛，在梦想与现实之间挣扎着，却怎么也无法挣脱心底的迷茫。不知道什么样的生活才是真正属于自己的，心里似乎已经有了清晰的目标，可是却又不知该往哪里走。都说青春经历蜕变后就会变成美丽的蝴蝶，振翅翱翔在属于自己的天空。可是最后到底会变成蝴蝶还是飞蛾，我们自己也不知道。

一个人一个活法，可每一种青春的活法，似乎都和等待有关。那时的我们，到底在等待什么，其实有时连自己都说不清楚，等待机会？等待爱情？等待上大学？等待理解？等待关爱？又好像都不是，我们不知道自己在等待什么，就像不知道什么在等待着我们一样。青春，原本就是充满着诸多矛盾的挣扎。

回忆起自己的大学时光，舒同突然发现，最无知的时光竟然是最珍贵的大学四年，那时的自己像个傻子一样，很少去思考未来，有时甚至不知道自己为什么活着，她的生活过得没心没肺，不痛不痒的。

那时候，舒同的人生过得很麻木，也许是年少不谙世事的无知，也许是青春期叛逆的内心世界，她不期待梦想成真，不期待爱横空飞来，不畅想未来会有一份什么样的事业，她活得很迷茫，不知道下一步人生的方向到底在哪里。她不希望在未来的人生留下这样一段追悔不已的青春，但是又不敢保证自己能够结束没有规划随心所欲的生活。所以，舒同一直很矛盾，但她知道，自己必须从现在开始想明白，让自己的人生在青春里越来越清晰。

舒同一直不懂得生活原来需要拼搏，才能证明自己存在的意义。二十年来她一直没活明白，也许现在也还是一样，她依然迷茫着，但是至少经过青春的自己，懂得了如何透过迷茫寻找生活的出口，发现适合自己的生活方式。

　　舒同认为，那时自己的人生之所以不够清晰，就是因为还不知道现实有多残酷，所以总是活在一种不自知的无忧无虑中。她还不知道多年后，她将面临很多当时无法想象的人生挑战，一件件足以让她喘不过气来的事情硬生生地摆在面前，让她别无选择。那时的她，第一件需要面对的现实就是：四年后即将面临期望已久的毕业，而她的毕业也许就会成为失业，也许她还存着走一步看一步的生活态度，可是她的潜意识里却明白，自己的人生不能再这样糊涂下去了，是该清晰思考的时候了。

　　记得大四毕业时，一些有理想的同学早都做好了考研考博的准备，他们在命运的裹挟下进入了下一轮挑战，虽然不知道还要经历多少艰难险阻，但至少他们未来的道路已经清晰可见了。而舒同一直是一个将理想挂在嘴旁，却不知道该如何下手的人，就算没有太多的真知远见，但是最起码她内心盼望着一份踏实稳定的工作。其实，最可怕的是那种坐安天命的心态，说好听点是随波逐流，说不好听其实就是无所事事。舒同一直在告诉自己：如果我不能让自己未来的路变得越来越清晰，那么我就很可能成为这种人。

　　基于这样的信念，舒同渐渐明白，想要拥有清晰美好的未来，关键在于紧紧把握现在的每一天。日子总是要过的，未来本身就是无法预知的，她觉得自己所能做的，就是先规划一个适合自己的大方向，然后慢慢从每一天的努力中一点点做起，一边做一边总结经验，取长补短，发现错误及时调整，尽量少走弯路，这就是她为自己的青春所能做出的最好的总结。

　　一切的一切都从大学开始，也终将在大学结束，四年前舒同怀着梦想左手一个挎包，右手一个行李箱，带着喜悦进入象牙塔，那就是开始以为人生终将剽悍的第一个夏天，四年的光阴在悄无声息中滑过，正是在不舍的告别声中，她的心灵被猛然击醒。之前的舒同一直以为只要上了大学，就如同进了保险箱，今后的人生必然顺风顺水，因此她抱着混日子的心态过完了整个大学青春，很可笑，她竟把大学看成了人生的避风港，她甚至觉得如果不拿大学当做藏身地，就不知哪里可以容身了。

毕业后舒同发现，毕业就是失业在她身上体现得淋漓尽致，似乎一切都在情理之中。记得在找工作的初期，舒同就像是一只鼓鼓的大气球被一点点放掉气，她一直觉得自己是某知名大学毕业的人才，走到哪里都应该是人见人抢的香饽饽，总以为自己很了不起，总以为满身的才艺总有用武之地，总以为必有伯乐来赏识她这匹桀骜不驯的千里马。

可是，一次又一次找工作碰壁后，舒同的自信心被一点点磨光，而那种满怀希望与倍感失望的落差，将她的骄傲击得粉碎。她一度万念俱灰，郁郁寡欢。但是，一段时间的痛苦之后，她发现悲伤不能解决任何问题，面对现实，她只能欣然接受。

于是，结束了不切实际的骄傲和幻想之后，舒同开始了真正的思考总结和反思。她发现，她现在首要应该做的事情就是先认清楚自身的优缺点，而不是继续不切实际的自我骄傲。她一直喜欢文字，曾经憧憬着未来能成为一名真正的作家，她也找过很多关于编辑写作的工作，但是，她发现这和她的专业并不对口，也不能发挥自己学之所长。因为她大学学的是新闻，而且她的优势正是在于敏锐的新闻视角捕捉能力和观察能力。

所以，经过一番调整，舒同打消了进杂志社和出版社的念头，直接转向报社。后来，她辗转在一家报社找到一份工作，工资很低，初入职场的大学生工资一般都不会太高。起初舒同就是因为不能接受这样的落差，而一次又一次傲慢地拒绝了那些想要低薪录取她的公司。但是，现在的她终于明白，每一个成功，都是从低处慢慢做起来的，人生只有先学会低飞，才有机会去慢慢实现真正的翱翔。

所以，舒同的第一份清晰的青春，就是懂得了如何脚踏实地地做好眼前的每一份工作。就算生活中可能还有一系列问题接踵而至，但是无论多么难以承受的现实残酷地摆在面前，她觉得自己都能像一盏灯一样，努力去结束眼前一个方向上的黑暗，然后借着光亮继续走下去，去一点一点接近自己的梦想。

正如荀子所说"不积跬步无以至千里"，青春路上每一个清晰的未来，还在于当下的每一天如何过得明明白白。所以，进入后青春期的我们该如何把握自己的生活、工作、爱情，关键还是要先看清自己需要什么，适合什么，为什么而活着。只有先读懂自己，了解自己，就像故事中的主人公一样，当我们真正明白了自己的优势和劣势之后，才能真正找回属于自己的人生……

青春，就这样在悄无声息中慢慢流淌，青春还剩下多少光阴？生命还有多少精力让我们去挥霍？如果我们的人生总在茫然中度过，我们又怎么能活得明白、活得精彩、活出真正的自己？

这是每一个正当青春的人，都在思索的问题……

3. 动荡不安的青春，继续挺住

正当青春，因为风华正茂的朝气，我们才有了最本真的坚持，尽管不一定所有的坚持都会有一个圆满的结果，但是，那种滋味，就是像是嚼过的青橄榄加上一口水，甜甜的，让我们的一生都回味无穷。

很多人都说，动荡不安的青春，原本就是一场苦涩的坚持。

走过青春的我们，有时候，会突然感觉生活很茫然，四处都找不到可以走出去的路；有时候又会突然感觉人生很孤独，不愿意让别人看到自己的自卑和脆弱，收拾起凌乱的情绪和无助的眼泪，将自己关在一个无人的角落，静静地听歌，不想和任何人说话。

所以，青春注定了必然会以一种动荡不安的姿态出现在我们人生必经的路口。

有人对青春做过这样的总结：走过青春岁月之后才发现，当年不顾一切的执着，原来就是一场虚妄的坚持。其实，青春经年，谁不是在这样虚妄的坚持里跋涉？谁不是尝试着等待不知道结果的未来？因为，脚下的路，都是在无法预知中一点点走出来的。所以，我们能做的，只有微笑着继续挺住，这也是我们走过青春后，留给自己的最好的人生阅历。

当我们在坚持中失望，在失望中哭泣，在哭泣中寻觅，在寻觅中迷茫时，我们终究还是在痛苦中一点一点成长起来了，我们不得不承认：生活，正是因为这一轮又一轮周而复始的折腾，才有了更多"苦中坚持"后的懂得。

所以，行走在青春的路上，我们注定会越活越明白，注定会越活越剽悍，因为人生每一次苦涩坚持的背后，必然会留下一份"寻寻觅觅之间，那人却在灯火阑深处"的惊喜！

其实，青春里最缺乏的，就是坚持、韧性。每个人都会说自己今天要做什么，但一旦需要坚持下去的时候，就开始变得犹豫不决，或者干脆就推到明天，明天一定能做到，明天一定开始。但青春有多少个明天的明天，也许只有被挥霍尽之后，才能明白吧。

青岩就是在一次闲来无事翻看大学时代的学习日记时，才发现了自己的身上也存在着这样的问题。

大一时，青岩曾经在日记本上写下了自己在新学年的学习计划。那时候的青岩活得很麻木，像是一个被人抽打着盲目旋转的陀螺一般，没有喜悦，没有期待，没有激情，没有活力……在那样大好的青春里，她不知道自己为什么活得如此颓废无力。当日记翻到后面才发现，原来，她在所有的目标都无法真正坚持下去之后，在后面自我安慰地写了一句话："从明天起坚决执行！"而且在结尾时，用的是令人振奋的感叹号。

青岩发现，自己日记的前半部分详细地记录了大学时每一天的学习情况，包括当时的心情，可是到了后半部分，内容越来越少，直至最后连只字片语都不愿意写下……她内心忽然有了一种深深的自责感，自己竟然连日记都不能坚持写下去，她不知道自己的青春还能有多少坚持。

合上日记本，回想大学时的自己，青岩发现那时的她似乎总能为自己的无法坚持找到借口："今天学习的内容比较多，晚上就不看书了。""今天心情不好，就不坚持锻炼了""辛苦复习很多天了，所以早上再多睡一会儿也无妨。"……这种种理由，其实只不过是她留给自己的自我安慰罢了。一次两次的借口也许并无大碍，但是借口堆得多了，就渐渐养成了惰性，磨蚀了动力，觉得自己这样就是理所当然的。"反正计划已经被搁置了很多天了，又何必苦苦坚持"，当这样的念头不断地往外冒的时候，动力也就最终消失殆尽了。

看着大学的颓废，青岩不由得想起了高中时的自己。也许是一直以来错误的观念，总以为走进大学象牙塔的生活，就算是进了人生的保险箱，所以便有了不努力的借口。可是高中就完全不一样了，面临着竞争激烈的高考，每个人的弦都绷得紧紧的。记得高中文理分科前，青岩迫于当时的形式，选择了自己并不喜欢的理科，于是她将大把时间都用来做物理化学题，那时她的理科成绩很好，一般平均成绩都在九十分左右。那时的数理化公式她背起来毫不费力，不是因为他比别人聪明，只是因为她一直努力地"挺着"，只要不服输，付出时间和精力，必然会有一定的回报。朋友们都很羡慕她，可她却很清楚自己并没有这方面的潜力，和那些理科超强的同学相比，她知道自己的理科路不会走得太远。

所以，高二时她毅然决然地选择了文科。因为一直忙于学习理科，青岩的语文成绩起初并不好，政史地也只是在六十分上下徘徊。印象很深刻的是有一次，语文老师神色凝重地把她叫到办公室，她的内心很忐忑，战战兢兢地站在老师面前，老师偏过头来，用青岩一辈子都无法忘记的质疑的表情看着她，问道："你真的确定你要选择文科吗，你的文科成绩我真的不好多说什么……"

青岩知道老师的意思，老师是担心她的选择有可能让她与大学梦失之交臂。但是当时年轻气盛的青岩，内心不知怎么忽然升腾起一把火，让她不由得有了一股不服输的劲儿："凭什么我就不能报文科！"她咬了咬嘴唇，说："是的，我一定要选择文科。"

因为有了内心对自己的承诺，青岩开始了咬牙奋斗的艰难历程。三个月后，她在文科班的成绩就直接进入前三名了。现在想来，其实当时真没有诀窍，只有不服输的心，和"挺到最后"的坚持。

经过大学和高中的对比之后，青岩发现了自己的问题所在。于是她为自己列了一张表格，里面都是一些每天必须要做的小事：每天至少看一个小时的书；早上坚持六点起床锻炼身体；大学里的每一科都要认真对待，绝不偏科；每天晚上十一点前一定上床睡觉；一天玩手机、电脑的时间不超过两个小时；每天都要对自己一天的学习生活做一个总结；对明天要做的事情有一个简单的规划……诸如此类，每天都要有详细的计划，做过的事情就划钩，没有做的事情画圈，记下来作为警示。青岩终于发现，其实，每天从小事开始做，慢慢渗透到生活中，就会渐渐形成习惯，做起来也会毫不费力，而且每日都有总结，当慢慢看到成果有了乐趣后，就很容易做到和坚持下去。其实，青春活的就是一股拼劲，一股让自己变得更好的劲儿。因为青春里的每个人，只要不怀着一颗自甘堕落的心，就一定值得拥有更加美好的人生。

青岩知道，自己的很多目标都在实现，从小到大，从大到小，即使每天只做一点点事情，哪怕只有 10 分钟，也在渐渐靠近梦想。

她知道，自己的青春，需要一种能够"挺住"的力量！她这不是在盲目地为自己励志，只是想说：从现在开始，青春里都有成为更好自己的机会，关键在于自己能不能立刻行动起来，坚持下去，继续挺住……

青春让我们疼痛，青春也让我们懂得，懂得了如何挺起胸膛，经受风雨。

青春的路上注定会铺设很多美丽的梦想，于是我们在梦想中坚持着自己，又不得不放弃自己，感觉内心总是充满了矛盾，也许这就是所谓的青春吧。而那些年的坚持，看起来似乎充满傻气，似乎是那么微不足道。而正是这种坚持，让我们的青春变得如此温暖，也正是这些傻傻的坚持让我们的青春变得不再孤单。

4. 柔软的心里，也有踩在刀刃上的勇气

我们应该赶紧在有限的青春里，在很多事情还能把握的时候，果敢地为自己做一些决定，在青春的每一天展现自己的勇气。要克服"事实就是这样的，我无法改变"、"我能做什么呢？我能突破自己吗"、"我一直就是这样，已经习惯啦"、"他们已经认可了这样的我，我没有勇气尝试"等等这些消极情绪，只有这样，才能勇敢地把握属于自己的机会。

每个人的青春，都有过关于尝试的勇气。

有一个故事：炎炎烈日下，一群饥渴的鳄鱼被困在水源快要断绝的池塘中。一只鳄鱼深思熟虑之后勇敢地选择离开了池塘，它知道离开可能会遇到很多未知的危险，但是如果不离开去尝试着寻找新的生存机会，它就会被渴死在池塘中。塘中的水渐渐干涸，鳄鱼们开始自相残杀，最强壮的鳄鱼残忍地吃掉了自己的同类，苟且幸存的鳄鱼也在劫难逃，然而这些鳄鱼就是没有勇气离开。池塘似乎完全干涸了，很多鳄鱼都因为饥渴渐渐死去。而那只选择离开的勇敢的鳄鱼，经过多日的跋涉，排除千难万险，终于找到了一处水草丰美的绿洲。

人生很多时候就是这样，有时机会就摆在面前，不过，它似乎并不那么美好，甚至前路遥遥无期，不知道结果到底如何，身边的人都不敢尝试着做出选择。但是，这个时候如果我们能鼓起勇气，向前迈一步，也许那时会发现，它真的就是一次起死回生的机会。

可是正值青春的我们，没有尝试之前总是对未知充满恐惧，有着"我能行吗"、"万一失败了，会很丢脸的"等等顾虑，阻止前进的步伐，迈不开青春最关键的几步，只能在原地徘徊。只要把胆

怯抛开，丢弃种种不必要的忧虑，其实很多事情原本没有想象中那么难。而且就算最后未必能取得成功，这种经历已经让我们的青春变得更加丰富美丽。

还记得一位著名的推销员曾说过："最坏的结果是大不了退回原地，当你尝试踏出第一步时，却有可能获得很多意想不到的惊喜。"既然尝试后遇到的最坏的结果是我们从未经历过的人生，何不勇敢迈出第一步，就算碰碰运气也好。

青春原本就是一种勇敢的尝试，经常会遇到向左走或是向右走的选择。它有时就像是一个不知道什么味道的苹果，总要有勇气去咬一口才会知道。如果因为顾虑它是否可口就放弃一个可能香甜无比的苹果，也许最后就真的错过了一次难得的机会、一次鼓起勇气证明自己的机会。青春，向左走或是向右走都会有不一样的景致，有勇气走过去的人，才会欣赏到沿途的美丽。

所以，经历青春的我们，千万不要错过人生中的那些美好，时刻保持一种敢于尝试的勇气，勇敢地去选择，它会带给我们一个天堂。

离开家乡来北京打工已经三年了，二十岁的陈阳再一次下岗。在此之前的五年时间里，因为只有初中学历，陈阳不知道换了多少工作。十五岁出来打工，他干过很多工作，当保安，洗盘子，做商贩，卖蔬菜水果……可是所赚的钱都不够吃饭的，这让陈阳十分郁闷。

一天，陈阳百无聊赖之际在北京街头闲逛，他看见一个男孩在一所小学附近卖儿童玩具，但是生意不好，来往的人们没有几个对他卖的玩具感兴趣。看着同样彷徨无助的男孩，陈阳有一种同病相怜的感觉。可就在这个时候，陈阳突然冒出了一个大胆而奇特的想法。这个想法让他兴奋不已，他匆忙起身跑回家里。

接下来的几天，陈阳开始忙碌地穿梭在一些制衣店里，他要求裁缝为他做一些看起来可爱而夸张的卡通类衣服。面对这样的要求，制衣店的裁缝们感到很惊讶，不知道陈阳做这些奇怪的衣服干什么。找了很多制衣店之后，陈阳仍然没有找到能做出他理想中想要的卡通服的样子。无奈之下，他只好买回很多原材料准备自己做。完全靠感觉和想象，再加上自己是个男孩，本身就不会做这些针线活儿，几天之后，陈阳总算做出一件自己想要的大熊猫卡通服。穿上做好的衣服陈阳急忙跑到镜子前，此时镜子里的自己看起来特别滑稽搞笑。这样的效果正是陈阳想要的。随后，陈阳对自己的妆容进行了一番独特的设计：他把自己的嘴唇染成黑色，眼睛化成了标准的熊猫眼，还在头顶上加一顶竹子形状的帽子。装备完毕，一个憨态可掬的卡通熊猫形象出现在了镜子中。看着眼前滑稽的造型，陈阳满意极了。

原来，那天在看见男孩卖玩具时，陈阳突发奇想有了这样的创意，他觉得把自己装扮成可爱滑稽的卡通动物形象，去卖儿童玩具，效果一定不一样！

准备好了装备，再购进一些玩具之后，陈阳就走上街头勇敢地开始了他的第一次尝试。当他真的站在街头叫卖的时候，还是有些怯懦了，因为一个男人以这样的形象卖玩具，就连他自己也底气不足。但是看着自己多日来辛苦准备的行头，陈阳不断给自己打气，告诉自己一定要勇敢。

穿着奇怪的衣服，面前摆着一堆玩具，他站在大街上，分明感觉到自己的心在不停地颤抖，他的眼睛根本就没有勇气看周围的人。就在他不知所措的时候，他听到了一个小女孩的声音："妈妈，快看，那个熊猫好可爱啊，我们去看看吧。"陈阳抬头一看，不远处的一个年轻的妈妈带着一个女孩走了过来，他赶紧扬起笑脸，做出一个可爱的欢迎动作，小女孩被逗得咯咯笑个不停，一边笑还一边摸着陈阳可爱的熊猫外衣。妈妈看着开心的女儿，高兴之余为孩子买了好几样玩具，小女孩走的时候还恋恋不舍地对陈阳说："熊猫哥哥，我明天还来看你。"

目送这对母女离去，陈阳心里感觉极其温暖：原来别人不是不愿意买你的东西，只要敢于尝试，做一些有趣的创新，你的价值就体现出来了！陈阳终于把低下的头高高地昂了起来，勇敢地开始吆喝："卖玩具喽，熊猫给您送玩具啦！"

这一天下来，陈阳还真的赚了几百元，他高兴得一夜未眠。之后，他便每天都出去卖玩具。为了让小朋友们更喜欢自己的玩具，他特意学了一些卡通滑稽舞蹈，学唱一些古怪的歌，甚至还学了很多小朋友喜欢的魔术，以便随时在街头表演。这样卖玩具的方式吸引了很多家长和孩子们来围观，虽然也有些人把陈阳当成是神经病，可是每当他看到那些喜欢他的人们对他报以友善的微笑和掌声的时候，他就不会畏惧那些嘲讽的目光了。

如今的陈阳，已经在市区开了一家自己的"卡通玩具店"，并招收了很多员工帮他卖玩具，年仅二十五岁的他，已经是个小有名气的生意人了。

用另类的形象吸引顾客，再用快乐的表演赢得人们的喜爱，陈阳用大胆的尝试为自己赢得了机会，正如人们所说的，一个人青春时代是否富裕并不重要，关键是他内心有没有敢于尝试的勇气，有了这种勇气，就有了飞上天的魄力。

其实，只要看准自己想要的东西，然后握紧拳头，所有的一切都会在自己的掌控之中，关键是要给自己一份追逐幸福的勇气，这样才不会辜负我们的青春！

我们的青春，就应该是"永远年轻，永远热泪盈眶"的一种状态。

因为最能代表青春的，就是来自于内心的激情和发自于内心的勇气，而不是年龄本身。

勇气不是没有恐惧，而是在面对人生各种问题的选择时，判断或决定某些事情的魄力超过了内心的顾虑。勇气就是无论内心的恐惧多么大，只要是认准或必须去做的事情，就要义无反顾地做好。勇气是将深切的渴望付诸行动的过程，是决定哪些事情对自己更重要的一种理性判断。

所以，我们应该赶紧在有限的青春里，在很多事情还能把握的时候，果敢地为自己做一些决定，在青春的每一天展现自己的勇气。要克服"事实就是这样的，我无法改变"、"我能做什么呢？我能突破自己吗"、"我一直就是这样，已经习惯啦"、"他们已经认可了这样的我，我没有勇气尝试"等等这些消极情绪，只有这样，才能勇敢地把握属于自己的机会。

《圣经》中有一段讲到了古以色列王大卫决战歌利亚的故事。为了捍卫自己的国家和同胞，身量矮小的大卫怀揣着过人的胆量和勇气，仅仅用一颗光滑的小石子，就将身形高大的敌人歌利亚击倒毙命。

其实，真正的勇气，就是心中"无敌"。

都说青春里的我们有着"初生牛犊不怕虎"的劲头，所以，我们就应该勇敢无畏地表达自己。因为勇气，我们可以结束一段不快乐的关系；因为勇气，我们选择辞去一份没有成就感的工作；因为勇气，我们敢于对那些不适合自己的生活说"不"；因为勇气，我们放弃了该放弃的，坚持着该坚持的；因为勇气，我们不再为别人的评价而活着；因为勇气，我们敢于在梦想敞开大门之前将自己的缺点暴露给别人看；因为勇气，我们敢于重新调整自己的习惯并将精力放在对自己最有意义的事上……

青春里有太多太多的事情，需要勇气支撑着我们去完成。虽然有时勇气意味着我们整个人生或好或坏的改变，但是如果因此而放弃尝试的机会，那么，青春岂不是永远都没有机会去体会热泪盈眶的激情了吗？

5. 来来去去的风雨人生，让我懂得承受

人生是自己的，懂得承受的人，就算看到青春的脚步渐行渐远时，也不会惊慌失措，更不会黯然失色，而是紧紧抓住眼前属于自己的机会，在分分秒秒间追逐，发掘自己身上的闪光点，继续着属于青春的拼搏，让阳光重新回到也许不再年轻的脸上。

青春就像是一条窄窄的纵横交错的巷道，我们怀着各自的梦想匆忙地穿行，有时也会遇到迷茫，不知自己的脚步该迈向何方，向左还是向右？所以，总是会在不知所措的梦中醒来，挥之不去的迷茫就像一团雾，抓不住却真实地存在于眼前。

青春，其实就是一场在现实生活中追梦的历程，是梦便总有梦醒的时候，而当一个个梦在现实的冲击下慢慢破碎时，心灵自然会经历蜕变的疼痛与难耐，于是青春里的我们便急需一种宣泄的出口，可是又有谁能真正了解自己的内心呢？

亲人吗？生存的压力、琐碎的家务早已占据了他们的生活，他们能给予我们的已经够多的了，而且我们不能太习惯于依赖他们的臂膀，不能把所有的不快、痛苦、孤独、压力，甚至绝望都转嫁给他们。他们希望看到的，是我们的快乐，我们的微笑。

朋友吗？这个时代节奏太快，大家每天都在寻找着看得见的利益和看不见的未来，很多时候似乎已经淡忘了友情的初衷，不知相

互之间到底还了解多少。朋友之情亦变得淡泊如水，所以我们那些内心最真实的感受，竟不知欲与何人说。

灵子是一个内向而独立的人，走过青春期的这几年，她发现其实一个人独自前行不是一件容易的事，首先心灵还是需要有足够强大的承受力。

一个人独自承受成长过程中的迷茫，有时真的是一种痛苦的折磨。尤其是那种不被人理解的感受，灵子不知道别人是怎么承受的，但当她自己开始感受到的时候，她的心会不由得疼痛。十几岁的孩子，原本心智就不够成熟，很多现在看来无关紧要的事情，在当时幼小的心灵里却会无限地放大，而且还没有足够强大的内心去面对。

一开始，处在青春叛逆期的她，有时候很厌烦那种被家束缚的感觉，觉得家有时甚至是一种人生的负担，可能她那时不知道独自承受有多么艰难，以为自己一个人什么事情都能面对，她不知道原来承受力也是有极限的，一旦突破了它，人就会崩溃。

后来有一段时间，灵子忽然感受到了一种前所未有的孤独。那时地刚上大学，来到一座陌生的城市，感觉自己和身边的一切都是那么的格格不入。生病了，只能自己一个人去承受，身边没有人关心她，遇到难以解决的事情，连一个可以商量的朋友都没有。也许正是因为这些经历，那段时间的灵子变得有些极端，她开始厌恶身边的每个人，总觉得他们的行为是那么虚伪，那么做作。她害怕自己每次都被当做工具利用，她甚至开始逃避别人的关心，她知道这样下去只会让自己离人群越来越远，她也知道她的心态出现了问题，这样下去，对自己的成长并不是好事。

但是，正是从那个时候开始，灵子懂得了人生很多事情的确需要一种独自承受的能力。多年后，回想起那时的自己，曾经的经历让她明白，有时承受并不是与人、事、物的抗衡，也不是偏执乖僻，而是一种敢于担当和面对的魄力。

所以，现在的灵子越来越了解，幸福背后离不开的是足够强大的心理承受力，用一颗释怀的心去体味痛苦，本身就是一种活着的能力。于是，她更加懂得了如何淡泊名利，淡泊权势，淡化欲望。她也学会了珍惜自己，不再为别人而活，不再随波逐流，想哭就哭，想笑就笑，做自己喜欢做的事情，这样的人生，才是真正属于自己的。

十六岁那年，为了读重点高中，杨桃从农村转学来到城里的一所重点学校。刚来到这里，一切都是那么陌生，同学们冰冷的表情，不屑的眼神，傲慢的疏离，让她无所适从。杨桃感觉自己的世界从此变了样，虽不愿面对，却不得不努力适应和习惯。

因为初来乍到，所以杨桃的课程一直跟不上老师的进度，她只能对着课本自学。看着身边一些富二代们有意无意地炫耀着那份优越，她只能视而不见。有时面对同学们对她这农村来的"土包子"尖刻的嘲讽和不友好，她也只能选择默默地承受。

就在那时，杨桃十五岁的心里已在懵懂间感受到了世间的人情冷暖世态炎凉，开始看到了很多东西其实并不如想象中那么美好，开始懂得了必须让自己变得强大，才能抵御和承受人生诸多的痛苦。

于是，杨桃一边承受着所有的辛苦与漠视，一边开始了发奋的努力。终于，半年后，她以全班第一的优异成绩让所有人对她刮目相看，老师开始注意到了一直以来默默无闻的杨桃，同学们也开始投以羡慕嫉妒的眼神来看这个曾经那么不起眼的小女孩。那时的杨桃，不卑不亢，就这样安静而骄傲地回应着，心里有着小小的满足感。

　　就是心底这份小小的承受力积聚着推波助澜的力量，让她懂了承受之后带来的快乐和满足，那是一种化茧成蝶的美丽，更是一种成长的见证。

　　后来的岁月，杨桃在打拼的奔波与艰辛中，一路承受着无奈的放弃，承受着情感的颠沛流离，承受着友情的虚伪背叛，将心一次次投入冰洞。而今再回想那些跌宕岁月，才发现竟是那些经历让自己的青春变得丰盈美丽。

　　记得最难熬的是考大学落榜的那段时间，现实的残酷一下子摆在眼前，梦想瞬间被熄灭，杨桃觉得自己的世界都坍塌了，让她放弃大学梦，对她来说真的太残酷了。但是，现实还是要面对的，承受着现实与梦想擦肩而过的落差，杨桃收拾起心中的不甘开始了漫漫自考路，顶着压力学习着各门学科，挑战着各种不同的机会。一路走来，杨桃发现自己收获的是强大的承受力带来的充实与自信，那是养尊处优的生活所无法体味到的快乐。

　　走上社会的杨桃，第一份工作就是在一家服装厂做工人。在车间的三年，是青春时期收获最多的三年，记得刚去车间上班时，身边的叔叔阿姨都以怀疑的眼神望着杨桃，他们认为她这样的大学生，肯定不会适应这么艰苦的工作环境，断言她肯定吃不消这种苦，干不长。

　　车间的工作比杨桃想象得还要艰难，全是体力活，有时工作起来一站就是一天，遇上加班更是白天晚上连轴转，一天工作十多个小时，到最后累得连说话的力气都没有。有一次，杨桃的脚趾被一块水泥板砸出一片淤青，好几天都走不了路，可她还是坚持着去做完每天的工作。

　　别人眼中柔弱的杨桃，硬是生生地扛了下来。她承受着生命的极限，证明着自己的青春不是徒然而过。在那段日子里，大家都认为她很快就会不堪一击，可面对身体的累与痛，她竟然硬是挺到了最后。

杨桃非常感谢青春里的种种跌宕波折，因为在那坚强的承受里，她懂得了生活的艰辛，更懂了风雨之后见彩虹的充实和满足。

承受需要勇气，青春一路走来，那些跋涉与艰难不忍细数。但是她更明白，未来还需要用更多的承受，去面对每一段必经的路程。

青春，需要明白的不仅仅是得到了什么，更重要的是经历了什么，学会了什么。因为，人生的风风雨雨，谁都无法逾越，只能默默地学会去承受。其实承受并不是逆来顺受，而是在看清楚现实问题的情况下，经过理智分析做出的人生抉择。承受，本来就是一种解决问题的方法，结果不该是哀怨，而是身心的丰盈！

6. 忽然，越来越容易接受现实

接受是面对自己的开始，其实青春里很多困惑的产生，是因为我们不愿意面对现实的真相，不愿意接受已经发生的事情，不愿意承受我们不想要的结局，结果要么活在对梦想的执着和追忆中，要么活在对未来的恐惧和迷茫中。而面对、接受则是活在当下的最好方式，所以当身在青春的我们能够坦然接受现实的时候，就是真正活出"剽悍人生"的时候。

当青春里的我们不再青涩，现实便越来越清晰地浮出水面，横在我们眼前，让我们不得不去面对和接受。

很多时候，在青春稚嫩的心里，总以为世间一切都应该如我们想象的那么美好。可是很多时候，梦想很丰满，现实却很骨感。总以为，所有的人都会读懂我们的心声，可是后来却发现，没有人会理会你的委屈，没有人会了解你的无奈。当残酷的现实将梦想打破的时候，我们要学会的，也许只有接受。

所以，现实改变了我们，我们也越来越容易接受现实。当有人背信弃义时，再多的失望和痛苦都是无济于事的，那么不如试着接受，全当是一种教训。

当有人伤害你的时候，你的仇恨并不能为自己找到一丝解脱，反而会让心灵陷入更深的烦恼与空洞中，那么就接受吧！全当是一次青春成长的资本。

当有人有人恶语相向毁谤你人格的时候，你的争辩并不能洗清这恶意的中伤，相反却有可能让自己成为别人眼中的笑谈。那就学会接受吧！全当是笑看人世间可笑之人的一种豁达吧。

当你爱的人和爱你的人都离开你的时候，任你如何痛苦挣扎都无法换回他们回头，反而会让自己伤得更深！那么就接受吧，接受这残酷的现实，才能真正成为把握自己命运的人。

痛苦、纠结、欺骗、背叛、中伤、爱与不爱，其实都是青春必经的一段路程，真正走过去之后才发现，正是因为有了当初的那些伤害，才成就了现在内心足够强大的自己，不是吗？

冷静下来想一想，其实青春中的每一种创伤，都是一种成熟。

有这样一个故事：一位年轻的作家带着身患癌症的妻子去北京看病。为了攒钱负担高额的医药费，作家省吃俭用，只希望能够将妻子的生命一点点延长。为了纪念这段经历，他写了一篇叫《京城，我们用爱捍卫生命》的文章，感动了千万读者。

绝症最终还是夺去了妻子的生命，可就在不久之后他别另娶他人，这令很多人大感不解，而他在读者眼里对爱情忠贞不渝的形象也在瞬间坍塌。一时间，非议此起彼伏地向他涌来。后来，在他的另一篇文章里，我们终于看懂了他的心声：他说最为一个男人，能在爱妻生命的最后时刻为她拼上所有，并一直陪伴着她，此生已无怨无悔，但是爱不代表一生的陪葬，真正成熟的人懂得接受现实，自己还很年轻，人生的路还很长，需要有人陪伴着一起走过。

同样的遭遇，不同的人有不同的结局。她是一个脾气怪异的女人，三十多岁还是孑然一身，平时也总是一副不苟言笑的样子。其实，青春时期的她也是一个温柔美丽的女子，追求她的人很多，但是她只钟情于那个话不多但是绝对会死心塌地忠于她的男孩。一次两人外出郊游时，路遇歹徒抢劫，男孩为了保护她，拼死与歹徒周旋，最后不幸被刺身亡。看着倒在血泊中的男友，她一度晕厥，那一年，她只有 20 岁。

因为青春时代的经历，十几年来，她曾经沧海难为水，心里一直不愿意接受男友已经离开自己的现实。因为男友的离去，她的人生彻底被颠覆了。她说她恨命运，恨命运在青春年代便轻易带走了她所有的幸福。可是，再多的恨也无法改变命运改变现实，沉溺于往事，也许只能让痛苦变得更沉重。

想象中的美好，往往与现实有很大差别。青春给了我们很多幻想的空间，我们总以为我们的世界会随着想象按部就班地前行，可是，人生有时候就是事与愿违的，想象总是追不上现实的脚步，当梦还在青春的脑海里闪烁着美丽的光芒时，现实却忽然间冷不防地给你当头一棒，把多年来的梦想击得粉碎。因为这种改变来得太快，我们有些无法承受，于是，我们便摇摇晃晃地倒下，于是，青春便有了疼痛。

因为我们还太年轻，还缺乏应对困境的经验，所以青春里的我们，面对问题时，似乎已经习惯了自我逃避，习惯了不接受问题，拼命地摆脱现实，并且试图用梦想来自圆其说。

但是，现实没有办法摆脱，接受是必须面对的结果。于是，年少稚嫩的我们还是摇摇晃晃地站了起来，那一刻，我们发现自己居然多了一份面对一切的勇气，成长的蜕变总是需要经历疼痛，但是痛过之后，我们便真的长大了。当有一天，我们真的变得越来越容易接受现实时，就没有什么能难倒我们了。

接受是面对自己的开始，其实青春里很多困惑的产生，是因为我们不愿意面对现实的真相，不愿意接受已经发生的事情，不愿意承受我们不想要的结局，结果要么活在对梦想的执着和追忆中，要么活在对未来的恐惧和迷茫中。而面对、接受则是活在当下的最好方式，所以当身在青春的我们能够坦然接受现实的时候，就是真正活出"剽悍人生"的时候。

接受是青春走向成熟的开始，接受一切才能有力量改变未来的人生。

我们的青春，终将不凡。